创新思维

张诚忠 龚一 编著

创新让一切与众不同

中国纺织出版社有限公司

内 容 提 要

我们经常因为习惯于遵循传统，依照陈规旧律做事，而让生活一成不变、工作毫无进展。有句话叫作"思路决定出路"，我们的每一个行动、每一次选择，都是由思维决定的，而思维就是我们人生路上的导航系统。

本书选取关于"创新思维"的真实案例，结合现代人经常遇到的思维问题，用简洁明了的语言，帮助读者分析遭遇思维瓶颈的原因，为读者解开问题症结，打通思维障碍，使读者感受思维的力量，打破思维的限制，从而开辟出人生新航向。

图书在版编目（CIP）数据

创新思维 / 张诚忠，龚一编著.-- 北京：中国纺织出版社有限公司，2023.10
ISBN 978-7-5229-0778-9

Ⅰ. ①创… Ⅱ. ①张… ②龚… Ⅲ. ①创造性思维 Ⅳ. ①B804.4

中国国家版本馆CIP数据核字（2023）第135598号

责任编辑：邢雅鑫　　责任校对：高　涵　　责任印制：储志伟

中国纺织出版社有限公司出版发行
地址：北京市朝阳区百子湾东里A407号楼　邮政编码：100124
销售电话：010—67004422　传真：010—87155801
http://www.c-textilep.com
中国纺织出版社天猫旗舰店
官方微博 http://weibo.com/2119887771
天津千鹤文化传播有限公司印刷　各地新华书店经销
2023年10月第1版第1次印刷
开本：880×1230　1/32　印张：6.25
字数：105千字　定价：49.80元

凡购本书，如有缺页、倒页、脱页，由本社图书营销中心调换

前言
PREFACE

我们都知道，思维可以决定一个人行进的方式。不同的人有不同的思维方式，想法不一样，脚下的路自然也就不一样。

现代社会，人们对物质的追求和对财富的渴望极其热烈，这不仅是改善生活的需求，更是对生活品质的追求。这种追求对激发大脑潜能，调动大脑思维最原始的动力起到了促进作用。很多时候，一个好点子花费不多，却拥有点石成金的力量。只有看到别人看不到的东西的人，才能做到别人做不到的事。

有创新意识的人，往往是思维领域的先行者。在这个脑力制胜的时代，谁的想法更高明、更有效，谁就更容易提升自己的价值，获得成功的垂青。

当然，不管什么样的创新思想，都要为最终的结果服务。换句话说，能够为你带来财富的思路，才是最好的思路，否则，充其量只是一场精巧的思维游戏罢了。所以，创新不必好高骛远，善于从生活中发现问题，从而寻找创造的契机是最重要的，顺应时代需求的创新无疑意味着成功。今天的发展得益于昨日的创新，而今天的创新必将推动明天的发展。

爱因斯坦说："想象力比知识更为重要。"在创新的过程中，最可怕的是想象力的贫乏。可以这样说，人的一切发明与创造都源于想象力。一个人一生的成就，全归功于他能建设性地、积极性地利用想象力。有与众不同的想法，才能有与众不同的收获。

如果一味地走别人走过的老路、毫无创新，那么，就只能复制别人的过去；而如果你想寻找属于自己的路，就要发动创新思维，去开拓属于自己的领域。我们不能钻牛角尖，这条路走不通，不妨另走一条，多一条路多一道风景。思维一变天地宽。勤思考，善于逆向、转向和多向思维的人，总能找出解决问题的方法，总能以最少的力气，做出最满意的效果。

思维是行动的老师，思维有多远，人就能走多远，思维的高度有时决定了人们人生成就的高度。本书从思维创新的角度出发，帮助人们摆脱束缚自己的思维，跳出生命中的限制，去遇见更加精彩自如的人生。

编著者

2023年8月

目录
CONTENTS

第01章 打破常规，创新让一切与众不同

人类在创新中不断进步	003
突破常规，超越现在	006
独立思考是培养创新能力的前提	009
想要占据先机，就要主动改变	012
打开思路，赢得更广阔的人生空间	016

第02章 勇敢去试，冒险精神是创新的标志

从僵化的思维方式中走出来	021
创新的尝试需要智慧的指导	024
勇敢地尝试新事物，可以发现新的机会	027
真正敏锐的眼光，是看在潮流之先	030
没有敢为人先的勇气，就不会有灿烂的成功	034

第 03 章
思维新奇，独特的思维会收到意想不到的成效

学会观察和想象，才能出奇制胜	041
要想成功，必须另辟蹊径	045
好奇心对人们的创造活动有极大的推动作用	049
要想拥有创新的人生，就要及时抓住灵感	052
学会多个角度看问题	056

第 04 章
反向思考，不走寻常路才能收获不同寻常的成功

逆向思维给你带来意想不到的收获	063
懂得思考并且掌握方法很关键	068
善用逆向思维，转换一下思路	072
化繁为简，摆脱传统思维的限制	075
直线性思维在很多地方要碰壁	078

第 05 章
奇思妙想，帮你打开人生的幸运之门

思维能催生创意	085
循规蹈矩的头脑里没有创造力	089
一个人的思路决定了他能走多远	092

成功对有勇无谋的莽汉不会有兴趣 096

第06章
重启思维，跳出思维定式是走向成功的关键一步

无数伟大的发明和发现，都是从打破思维常规开始的 101
推开影响创新思考的阻碍 105
开启新的视角，就会产生新的思路 109
转换思路，不断开拓出新的做事方法 112
对创新最大的威胁是内心的犹豫 115
人们总是习惯用老方法解决问题 118

第07章
勤于思考，锻炼自己的思维能力

敢想敢做，时常锻炼自己的思维能力 123
灵活变通，不要走进思维的死胡同 126
敢于质疑，使大脑处于朝气蓬勃的创新状态 129
要重视思维能力的培养 132
跳出思维的框框，学会开发自己的大脑 135
不断改善自己的思维方式和行为态度 139

创新思维

第08章 自我改变，才是人生创新的开始

创新并不需要谁来指路，你就是自己的救世主　147
敢于将自己的新点子付诸实践　152
只有变通才能激活全身的能量　156
打破常规，走在别人前面　159
创新型人才应该有主动创新的观念　165

第09章 超前思维，让你在财富领域捷足先登

创新就是换一种思路　171
机遇是靠我们的头脑思考得来的　175
一个好的创意能叩开财富之门　178
思路决定财富并不是一句空话　181
以敏锐的眼光发现转机　186

参考文献　189

第 01 章

打破常规,创新让一切与众不同

人类在创新中不断进步

自古以来，人类就是在不断创新中取得进步的，可以说，人类如果没有创新，就会停滞不前。同样，作为未来社会胜利军的人更要培养自己的创新能力。因为在未来社会，一个人是否能保持创新思考，直接关系到他的事业成败。有这样一则故事：

众所周知，在外太空低温失重的状态下，宇航员在太空舱里用墨水笔写不出字。美国航空航天局为了解决这个问题，专门拨出一大笔科研经费，组织了一批科研人员攻关，付出了很大代价，终于研制出了一种在低温无重力下能写出字的"太空笔"，取得了不起的成就。而苏联的宇航员则换一种思路，改用铅笔，轻松地解决了在太空舱书写的问题。

这则故事给大家的启示是多方面的。有时候，灵光一现似地转换一种思路，能给我们带来更可观的创新效益。在环境不变的情况下，转变思路，换种方式，也许更容易走向成功。

的确，知识社会的秘密就在于创造力。正如画家作画，一张纸、一支画笔，基本颜色永远只有那几种，无非是线条和点的组合，每个元素都没有新的发明；但因为画家的创造力，它不断创新组合，就能具备无限的艺术价值。

人们常说："创新始于天才。"其实，这话应该颠倒过来，"天才始于创新"才合乎情理。"天才"与大家一样，原本都是普普通通的人，重要的区别就是他们敢于创新、敢于寻找自己的"路"罢了。创新的成功，总是体现着创新者的强烈创新意识。要想摆脱传统观念和习惯思维的局限，就要鼓励自我打破思维禁锢，突破常规的路线，激活创新的意识。

那么，你该如何提高自己的创造力呢？

1. 善于变被动为主动

萧伯纳有一句名言："明白事理的人使自己适应世界，不明白事理的人想使世界适应自己。"

人的成长就是一种不断适应和调整自己的过程。生活中，那些在学习和工作上被动的人，最终都找不到前方的路。而那些积极上进的人，他们都敢于创新，即使遇到了暂时的困惑，最终也能走出低谷，有所成就。

2. 敢于打破定式和共识

要想成为一名拥有创造力的人，就要打破三类定式。第一，要破除迷信权威的定式。第二，要破除没有独立判断力和思考力，一味盲从的"从众定式"。在传统社会中，大部分人的行为选择其实都是从众的结果，很少经过自己独立的深入思考。第三，要破除观念思维、经验主义等主观定式，不要给自己上思维枷锁，我们不仅要敢于挑战专家的权威，也要敢于自我否定。

3.敢于坚信自己

对于一个创造型人才来说，自信非常重要。拥有自信，才能够不怕失误、不怕失败地去进行新的尝试。在大多数情况下，不敢自信地走"小路"的人，通常也难成为创造型人才。

事实上，每个人都有自己的创新意识，有的时候只是处于沉睡状态，未被开发出来而已。因此，只要你敢于突破常规、敢想敢干，一定能够突破自我。

突破常规，超越现在

生活中，我们经常说要打破定式思维。这里的定式思维，就是总是按照以前的思维活动、经验教训和已有的思维规律做事，以致形成了比较稳定的、定型了的思维模式。定式思维有时有助于问题的解决，有时会妨碍问题的解决。

事实上，一个人之所以能够迈出众人的行列，一半在于他的努力与智慧，一半在于他恰逢时机地打破了常规。

因此，如果你想培养自己的创新能力，就必须要学会突破，因为只有突破，才有超越。

曾经有过这样一个故事：

一天，某公司总经理向全体员工宣布了一条纪律："谁也不要走进8楼那个没挂门牌的房间。"但是，他没有解释为什么。此后真的没人违反他的这条"禁令"。

三个月后，公司又招聘了一批员工。在全体员工大会上，总经理再次将上述"禁令"予以重申。这时，只听一个新来的年轻人在下面小声嘀咕了一句："为什么？"总经理听到后并没有因这位新人的不礼貌而恼怒，只是满脸严肃地答道："不为什么！"回到岗位上，那个年轻人百思不得其解，还在思考着总经理为什么要这样做。其他同事则劝他只管干好自己的那份差事，别的不用瞎操心。因为"听总经理的，总是没错"。可那个年轻人偏偏是犟脾气，非要把事情弄个水落石出不可。于是他决定冒公司之大不韪，走进那个房间探个究竟。

这天，他爬上8楼，轻轻地叩了叩那扇门，没有回应。年轻人不甘心，进而轻轻一推，虚掩着的门开了（原来门并没有上锁）。房间里没有任何摆设，只有一张桌子。年轻人来到桌旁，看到桌子上放着一个纸牌，上面用毛笔写着几个醒目的大字——"请把此牌送给总经理"。

年轻人拿起那个已落满灰尘的纸牌，走出房间，似有所悟，乘电梯直奔15楼总经理办公室。当他自信地把纸牌交到总经理手中时，仿佛期待已久的总经理一脸笑意地宣布了一项让年轻人感到震惊的任命："从现在起，你被任命为销售部经理助理。"

在后来的日子里，那个年轻人果然不负厚望，不断开拓进取，把销售部的工作搞得红红火火，并很快被提升为销售部经理。事后许久，总经理才向众人做了如下解释："这位年轻人不为条条框框所束缚，敢于对上司的话问个'为什么'，并勇于冒着风险走进某些'禁区',这正是一个富有开拓精神的成功者应具备的良好素质。"

其实,很多成功的门都是虚掩着的,只有勇敢地去叩开它,大胆地走进去,才能探寻出个究竟来。或许,那时呈现在你眼前的真的就是一片崭新的天地。

可见,如果你做什么事情都只会做"规定动作",而不能突破自我、超越别人,就难以在未来社会激烈的角逐中夺魁。而要摆脱和突破思维定式的束缚,常常需要付出极大的努力。对此,你可以从以下两点入手:

1. 培养灵活的个性

善于适应环境表现出了人的灵活的个性,它能调节人与环境的关系,优化自己的心境和情绪,激发自己内在的动力。人们常说,性格决定命运,你一旦培养了自己这一方面的性格,也就获得了成功的入场券。

2. 不苛求自己和他人

不苛求,就是要做到情感和生活上的超脱,不为蝇头小利局限自己的思维。一个人如果能眼光长远,必定能做到思维独到。

总之,你只有做一个能灵活处世、善于变通的人,勇于向一切规则挑战,敢于突破常规,才可以在未来社会赢得他人所无法得到的胜利。

独立思考是培养创新能力的前提

每个人都容易羡慕别人,因为在比较中,你总会发现比你优越的人。很多人不禁感叹,自己何时能赶上别人?世界著名的成功学大师拿破仑·希尔著有《思考致富》一书,在书中,他提出是"思考"致富,而不是"努力工作"致富。其实,无论是财富还是成功,都源于创新,而创新则源于独立的思维,人云亦云者永远无法做到创新。

法国心理学家约翰·法伯曾经做过一个著名的实验,他把许多毛毛虫放在一个花盆的边缘上,使其首尾相接,围成一圈。在花盆周围不远的地方,他撒了一些毛毛虫喜欢吃的松叶。毛毛虫开始一个跟着一个,绕着花盆的边缘一圈一圈地走,一小时过去了,一天过去了,又一天过去了,这些毛毛虫还是夜以继日地绕着花盆的边缘转圈,一连走了七天七夜,它们最终因为饥饿和精疲力竭相继死去。其实,如果有一个毛毛虫能够破除尾随的习惯而转去觅食,就完全可以轻松找到食物。后来,科学家把这种喜欢跟着前面的人走的习惯称为"跟随者"的习惯,把因跟随而导致失败的现象称为"毛毛虫效应"。这个效应告诉我们,盲目地跟随他人不一定有好结果,我们的生活需要创造力。

创造力是指产生新思想,发现和创造新事物的能力。我们都是未来社会的主人,应当具有锐意变革的精神,才能始终使自己处于竞争中的有利地位。然而,要做到创新和变革,就必须要破除思想上的依赖,学会独立思考。

那么,该如何培养自己独立思考的能力呢?

1.学会发表意见

无论是在职场还是家庭关系中,你都应该主动表达自己的观点。

2.学会表达自己的需要

对于你的实际情况、你遇到的困难和需要的帮助,你要学会告诉领导、家人,否则,他们便会左右你的想法和观点。

3.敢于质疑他人

独立思考是质疑他人、提出不同意见的前提,反过来,做到后者,你也能逐渐学会独立思考。

4.独立承担各种难题

正如一位名人所说:"所谓成长,就是去接受任何在生命中发生的状况。即使是不幸的、不好的,也要去面对它,解决它,使伤害减至最低。所谓的成长,所谓的智慧,所谓的成熟，都不过如此。"这样的你才能独当一面，成为一个自立自强的人。

总之，你若想培养自己的创新能力、做个有创造力的人，就首先要做个思维独立的人。

创新思维

想要占据先机，就要主动改变

时代在发展，任何人如果始终保持一成不变，就会被时代的洪流甩下，甚至被淘汰。当然，生活中不乏有些惧怕改变的人，他们已经习惯了墨守成规的生活，很害怕改变后的状况是自己无法接受的。因而他们选择排斥和抗拒改变，甚至是像鸵鸟一样埋头在沙堆中，自欺欺人。最终的结果如何呢？即使内心百般不愿意，他们依然被时代裹挟着改变，甚至被扭曲，被撕裂。明智的人会反思：既然改变的趋势无法抗拒，为何不能变被动改变为主动求变呢？至少这样，还能占据改变的主动权，让自己的人生多一些选择的空间。

在这个信息大爆炸的时代，一切事情都讲究效率，改变也是如此。你若被动改变就一定会远远落后，不仅心不甘情不愿，还未必有好的结果。相比之下，主动改变则占据更多的优势，至少能够帮助我们抢先踏入时代的洪流，成为潮流的引领者。也许改变后的结果并没有非常理想，但是你却能够占据先机，有更多转圜的余地。在这种情况下，你的胜算也会大了很多，何乐而不为呢！

作为一名保险推销员，亚娟自从进入公司，半年以来都没有任何业绩。对此，亚娟很苦恼，眼看着还有半个月她的延长试用期就到了，她心急如焚。无奈之下，她只好求助于公司里销售业绩最好的王牌销售冠军。看着亚娟愁眉苦脸的样子，"销冠"不以为然地说："你的情况很正常，我刚刚进入公司的时候也这样。"亚娟惊讶得张大嘴巴，说："啊，真的吗？简直难以想象啊！""销冠"依然淡定地说："当然是真的，谁生来就是'销冠'呢！大家都是从不会到会，再到熟能生巧。不过你的确有个致命的问题：你的思维太僵化了。如今你已经进入公司将近半年，居然才想起来反思自己。不过还好，你至少没有等到被裁员之后再来请教。"亚娟不好意思地笑了，说："我一直不知道问题出在哪里，又不好意思麻烦你，向你求教。""销冠"直截了当地说："要想改变现状，首先要改变你自己。"亚娟很困惑，说："但是我真的完全不知道问题出在哪里呀？""那就问别人！要想让别人从你这里购买保险，首先要让他们接受你。你就要了解，他们眼中的你有哪些缺点和优点，从而才能扬长避短。"

"销冠"一席话使亚娟突然意识到问题出在哪里了。她当机立断，马上放下手中毫无进展的工作，开始挨个打电话询问那些认识她的人："你们觉得我的缺点在哪里？有没有什么优点？"如此问完了身边所有熟悉的人，亚娟发现自己有一个致命的缺点，就是不喜欢笑。对于一个销售人员而言，这无疑是缺乏亲和力的根源，也会导致与客户接触时无法得到客户的信任。当然，除此之外还有很多问题，亚娟全都细心认真地记录下来，逐条改正。结果，亚娟在短短的一周时间里就发生了初步的改变，后来又在工作的过程中不断完善自我。虽然在试用期内亚娟还是没有成功签约，但是公司很愿意再给她延长一个月的试用期。在这一个月里，亚娟就成功签约三个保单，顺利成为公司的正式员工。

如果从不知道改变，而只是一味地苦恼，亚娟的工作依然不会有任何进展。正是因为"销冠"的提醒，亚娟才意识到自己是需要不断改变和完善自我的，因而茅塞顿开，一下子就找到了问题的关键所在。这个世界就处于瞬息万变之中，我们的生活和工作也随着世界的改变不断地发生变化。以不变应万变已经成为历史，我们唯有主动求变，才能更好地适应现代社会，也才能不断完善和提升自己。

曾经有位名人说，假如你不能改变世界，那么你就去改变自己。的确，很多客观的存在是无法改变的，但是我们的心却可以随时调整。每个人都是自己灵魂的主人，只要我们愿意，我们可以随时随地调整自身。如果你不想在人生之路上被淘汰出局，那就只能选择以主动的姿态应对客观世界的改变，从而避免被动改变的尴尬和无奈。

创新思维

打开思路，赢得更广阔的人生空间

现代社会是信息大爆炸的时代，为了顺应时代发展的潮流，社会上涌现出很多提供"金点子"的创意公司。不得不说，现代社会的人们更加关注创新，也希望能够打开思路，赢得更广阔的人生空间。然而，现实生活中，却有很多人已经习惯了随波逐流。他们非常麻木，只愿意依循常规的思路行事，很少主动想到应该努力创新，积极求变。不得不说，这样的人生是很难取得突破性进展的，只会让人拘泥于陈旧迂腐的生活之中，甚至导致生活缺乏新鲜血液的注入。

很久以前就有人说过，在商场上，假如一件事情有很多人都跟风去做，那么就已经失去了先机。大多数情况下，一个真正的好创意、金点子，只有在大多数人都表示反对，而只有少数人对此持有赞同和支持的态度时，才是真正的好创意，才是真正能够帮助人们实现命运转折的金点子。而这种金点子只有勇于打破常规、创新思路的人才能想出来。要想让自己的人生取得突飞猛进的发展，要想让自己的进步更加神速，要想让自己做起事情来事半功倍，更加接近成功，我们就必须努力积极地改变思路，也只有这样，才能真正拥有创新、进取的未来。

生活中，常常有人抱怨命运不公平，客观条件太恶劣。实际上，客观存在是很难改变的，我们与其花费宝贵的时间来抱怨，不如积极调整思路，改变态度。心若改变，整个世界也会随之改变，这句话是很有道理的。细心的人会发现，古今中外，但凡成功人士，无一不拥有先进的思路。正是正确的和有前瞻性的思路，才能引领他们在前进的道路上始终保持正确的方法，及时纠正自己的方向，从而才能让人生插上翅膀，跨越重重艰难阻碍，获得成功。

不管是个人，还是一家企业，思路的开阔都是非常重要的。任何时候，闭塞的思路都会使人思维守旧，行为落后，当然也就无法做到与时俱进，更不可能取得良好的发展。很多时候，人们一旦遇到挫折，就会自我鼓励要坚持不懈。实际上，如果努力始终没有成果，最好的办法是积极进行自我反思，打开思路，让自己的想法和创意更加超前，这样才能抢占先机，更好地面对人生。在这个世界上，任何东西都不会是静止不动的。我们只有保持不断进取和创新，才能跟上时代的脚步，成为时代的领军人物！

第 02 章

勇敢去试，冒险精神是创新的标志

从僵化的思维方式中走出来

有人说,世界就如同一个棋盘,每个人都像一个"卒",冲过"楚河汉界"之后方可横冲直撞,实现自己的人生价值。每个人都被一个无形的界限约束着、限制着,有的人不敢突破界限,规规矩矩地在界内生活、工作,最终也只是碌碌无为、平庸一生。而有的人却敢于突破界限,摆脱那些繁文缛节的束缚,因而他们也欣赏到了界外不一样的风景,领略了界外不一样的精彩,活出了非同寻常的精彩人生。

要想拥有别样的人生,要想创新,就要冲破思维界限,发挥充沛的想象力和创新能力。

因此,从现在起,无论是工作还是做其他事,你都应该努力从僵化的思维方式中走出来,积极尝试创新的思想。如果一味恪守前人的经验,就会使自己的思维陷入僵硬的框框,以致在固定不变的思维方式中失去机遇,最终给生活与事业带来无法弥补的损失与影响。

创新思维

美国历史上,有位很出名的科幻作家叫阿西莫夫。他从小就很聪明,在一次智商测试中,他的得分在160左右,因此被证明是天赋极高者。而阿西莫夫本人,也一直为此自鸣得意。

一次,他遇到一位老熟人,这个人是一名汽车修理工。修理工对阿西莫夫说:"嗨,博士!今天我也来测测你的智商,看你能不能回答出我的思考题。"

阿西莫夫点头同意。修理工便开始说题:"有一位既聋又哑的人,来到五金商店,准备买一些钉子,不能说话的他只好用做手势来表达自己的意思,他对售货员做了这样一个手势:左手两个指头立在柜台上,右手握成拳头做出敲击的样子。售货员见状,先给他拿来一把锤子,聋哑人摇摇头,指了指立着的那两根指头,于是售货员就明白了,聋哑人想买的是钉子。聋哑人买好钉子,刚走出商店,接着进来一位盲人。这位盲人想买一把剪刀。请问:盲人将会怎样做?"

顺着修理工给自己的思路,阿西莫夫顺口答道:"盲人肯定会这样。"他边说着,边伸出食指和中指,做出剪刀的形状。汽车修理工一听就笑了:"哈哈,你答错了!盲人想买剪刀,只需要开口说'我买剪刀'就行了,他干吗要做手势呀?"

智商160的阿西莫夫,顿时哑口无言,不得不承认自己陷入了思维误区。

阿西莫夫正是因为自恃头脑好、知识多，才在头脑中形成较多的思维定式。

固定的思维方式容易把人的思维引入歧途，也会给生活与事业带来消极影响。要改变这种思维定式，需要随着形势的发展不断调整、改变自己的行动。任何一个有创造成就的人，都是战胜常规思维的高手。

我们应该积累知识，但不要被这些既定的知识限制自己的思维，要敢于想象、敢于尝试。我们都知道吉尼斯世界纪录，它激励人们勇于超越思维的界限，它的创建者懂得"破界"后的乐趣与精彩。有了吉尼斯，也便有了身体上的、思想上的不断"破界"。那么，寻求改变的我们，为什么不发挥吉尼斯所倡导的这种精神呢？

创新思维

创新的尝试需要智慧的指导

人们常说:"成功取决于思考和智慧。"盲干的人,没有思想的人,无论付出多大代价和牺牲,也难以成功。曾经统治罗马帝国的伟大的哲学家巴尔卡斯·阿理流说:"生活是由思想造成的。"恩格斯也曾慨叹:"地球上最美丽的花朵是思维着的精神。"思想和智慧来自对知识不懈地追求。谁勤于灌溉自己的思想之花、智慧之苗,谁就能收获累累硕果。

生活中的每个人,都应该认识到智慧在创新过程中的重要性。如果你是个什么都敢于尝试的人,那么,你是一个勇者;但如果你希望获得成果,那么,你就要学会用智慧指导行动。要知道,机遇是个挑剔的女神,只垂青于肯动脑筋、爱用智慧的人。没有全面的素质和一双洞察机遇的眼睛,又怎么能够开启成功创富的慧泉呢?

的确,做任何事,要想取胜,都不能鼠目寸光、急功近利、跟风冒进,而要有远大的眼光,顺应形势的要求,把握时代的脉搏和趋势,从而因势利导,采取适当的措施。

那么，在创新过程中，你该如何做到智取呢？

1. 勤于思考

要有智慧，就要有一颗善于思考的头脑。真正的"有头脑"，指的是善思考、勤实践，有思想、智慧、远见、卓识和才干。一个人若不善于思考，没有思想、智慧、远见、卓识和本领，是不能算有头脑的。

2. 坚定自己的信念

不要走别人走过的路，而要走没有人走过的路，并留下自己的脚印。要敢于做别人做不到的事情。当你想要突破常规，做别人没做过的事的时候，你周围的人可能会认为你不正常、异想天开，因此而嘲笑你、疏远你。这些都不重要，重要的是你做到了他人无法做到的事情，这也是现在及未来让你感到自豪的事情。

3. 挖掘自己的潜质

你不一定要彻头彻尾地改变、否定以前的一切；你只需对自己的资源进行全面整合，对自己未知的潜质进行挖掘。很多事实证明，有所成就者，并不一定是学历最高、最"守规矩"、最勤快的人，而是那些肯动脑筋、突破常规的人。

4. 撞了南墙一定要回头

有人认为，坚持到底就会胜利，但这个说法成立的前提是，你的思路是正确的。对于不适合你的路，你不要死磕到底。当你有既定目标时，一定要坚持不懈，但也不能太强硬、不知变通。如果行不通的话，就要尝试着换一种方式去努力。

坚守的不一定都是正确的，舍弃的未必都是可惜的。适时转变思路，调整方向，也许就会柳暗花明，也许就会天堑变通途，成就你成功的人生。

5. 全面地分析形势，找准自己的出路

当我们陷入生活和事业的困厄中找不到路时，便产生了困惑和茫然的感觉。此时，我们应该使自己冷静，并保持清醒，全面分析现状，然后转变思路、大胆创新，为自己开辟一条新的出路。

当然，风险越大，回报越高。机遇稍纵即逝，优柔寡断、迟疑不决，将会错失良机。所以，你还需要有勇气。只有敢作敢为的人，才敢于承担责任和风险，才敢于直面困难和障碍、挫折和失败，才能抓住机遇获得成功。

勇敢地尝试新事物，可以发现新的机会

生活中我们不难发现，很多人经常埋在常规工作流程中，每天除了按部就班地完成任务就是刷手机，年纪轻轻就失去了朝气和活力，他们满脑子都是危机意识，做事时也总被条条框框束缚而不敢释放自己，最终，他们也只能碌碌无为。

勇敢地尝试新事物，可以发现新的机会，使你迈进从未进入的领域。生命原本是充满机会的，千万别因放弃尝试而错过机会。

事实证明，如果能够跨越传统思维的障碍，掌握变通的艺术，就能应对各种变化，在变化中寻找到新机会，在变化中获取新利益。在我们的生命中，有时候必须做出困难的决定，开始一个更新的过程。只要我们愿意放下旧的包袱，愿意学习新的技能，我们就能发挥自己的潜能，创造新的未来。我们需要的是自我改革的勇气与再生的决心。

因此，你也应该跨越传统思维的障碍，时时刻刻寻求新的变化，并敢于释放自己、改变自己。当然，要做到敢为人

先，你还必须在当下的生活和学习中加以练习，为此。你需要做到：

1. 丰富自己的知识结构以开阔视野

在我们的日常生活和工作中，常常用视野形容人的眼界开阔程度、眼光敏锐程度、观察与思考的深刻程度等。可以说，视野是否开阔，是衡量人的综合素质高低的重要标尺。

而视野开阔与否，取决于知识掌握得多少，取决于思想理论水平的高低。常言道，学然后知不足。勤于学习的人，越学越能发现自己的不足，于是想方设法充实自己、提高自己。学到更多的东西，视野会随之越来越开阔，跟上前进的步伐。

2. 走出"舒适区"

一个人不愿改变自己，往往是舍不得放弃目前的安逸状况。而当你发觉不改变不行的时候，你已经失去了很多宝贵的机会。

因此，即使你现在有着看似不错的工作，但你必须要明白，未来社会会飞速发展变化，你必须要有随时改变自己、更新自己的意识。

3. 在心理上超越"不可能"的思想观念

任何人想要解决问题，必须在他的思想中超越问题。这样，问题就不会显得太过令人畏惧。而且他会产生更大的信心，深信自己有能力去解决它。

在你进行尝试时,你难免会产生一种"不可能"的念头,比如,认为自己不能解决某个被人认为很有难度的业务难题。但你必须要从心理上超越这种观念,只有这样,你才能站在更高的位置上,低头俯视这个问题。

所以,任何成功都源于改变自己,你只有不断地摆脱自己身上守旧的缺点,才能做到敢为人先,才能抓住机会,才能实现自己的进步、完善、成长和成熟。

创新思维

真正敏锐的眼光,是看在潮流之先

那些思路开阔、目光长远的人,往往可以想在人先,走在人前,而这恰恰最能引领我们走向成功。在现今这个资讯时代,商机无处不在。许多白手起家的创业者,往往就是因为抓住了一个稍纵即逝的机会,从此顺利地开始了自己的"掘金"生涯。能致富的人,思路通常能够打开,眼光通常要比常人看得远。美国汽车大王亨利·福特有一次被别人问到,如果他失去了他的全部财富,他将做些什么事情。福特连一秒钟都没有犹豫,他说他会想出人类的另一种基本需求,并迎合这种需求,提供比别人能够提供的更为便宜和更有质量的服务。他说他完全有把握、有信心在五年之内重新成为一个千万富翁。福特的话可以给我们一个全新的启示:真正敏锐的眼光,是看在潮流之先。

史蒂夫·鲍尔默先生曾是全球领先的个人及商务软件开发商——微软公司的首席执行官。鲍尔默从小就很聪明,在上高中时，他的母亲带他参加全国数学大赛，他进入前十名，展现出了数学奇才的素质，使他拿到哈佛数学系的奖学金。

鲍尔默1973年进入哈佛，大学期间，他曾担任校足球队队长，为《哈佛深红报》(*The Harvard Crimson*)和哈佛的文学杂志工作过，还获得了数学和经济学学士学位。

鲍尔默功成名就后回到底特律私人学校，在一次开学典礼上他送给新生这样的忠告："打开你的思路，放远你的视线。"他说，"因为永远有机会你没有想到，你没有看到，可是这个机会会给你带来惊喜的转变。"

未来是现在的延伸，未来是现在的人创造出来的，所以每一个人都可以通过观察现在大多数人在做什么，找出未来可能会有什么走向。举个简单的例子，如果你能在20年前看出电子商务将会成为趋势，你现在就是中国最富有的人之一了。当时你没有看出来，但是有人看出来了，所以他成了富豪，而你没有。

日本的"电子之父"松下幸之助，是一位富有智慧、善于洞察未来的成功人物，每当人们问及他成功的秘诀时，他总是淡淡一笑，说："靠的是比别人稍微走得快了一点。"

第二次世界大战结束后，世界恢复了新的和平。遭受战争创伤的人民，在新的和平环境里又重新燃起生活和工作的热情。睿智的松下幸之助超前地看到"新文明"将带来世界性的家电热。对于松下电器，这既是一次发展壮大的机会，也是一次艰巨而又严峻的挑战。松下幸之助正是因为"稍微走得快了一点"，大刀阔斧地进行机构调整和技术改革，从而使"松下电器"在新的挑战和机遇中得到了前所未有的发展。

20世纪50年代，松下幸之助第一次访问美国和西欧，发现欧美强大的生产力主要基于先进的管理制度和现代的科技。尽管日本在上述方面还相当落后，然而这一趋势将是历史的必然。松下幸之助正是把握住了这一超前趋势，在日本产业界率先进行了管理制度改革：给予经营者充分的自主权，优化了雇佣制度和薪酬体系；改变低工资的状况，使职工工资超过欧洲，接近美国水平，并建立了必要的职工退休金，使员工的物质利益得到充分保障；工作时间上实现每周五天工作日，这在当时的日本还是第一家。

对于这样大刀阔斧的改革，松下幸之助是这样解释的：这一改革并非单纯增加一天休息，而是为了进一步促进产品的质量：好的工作成就产生愉快的假日；愉快的假日情绪会带来更出色的工作效率。只有这样，生产才能突飞猛进，效益才能日新月异。

在一个人成大事的过程中，要想走得比别人稍快一点，必须具有超前的眼光，看到别人暂时还没有看到的趋势。这样你才能赶在别人前面出手，得到更多的收获。有时候，思维所能爆发出来的能量是难以估量的，那是因为好的思维往往引领着我们去干一些大事业。那么，怎么做才能看在潮流之先呢？

1. 打开你的思路

世界上勤奋的人难以计数，但在事业上获得成功的人却不是很多。其原因都在于并不是每个人都有卓越的眼光，都有超前的意识，能看到某个行业未来发展的轨迹。但只要你打开你的思路，放远你的视线，抬起头来审视前面的路，你就能脱离平凡，走在人前。我们不必要求自己总有前瞻性的思路、高屋建瓴的眼光，但是只要你从身边的人和事出发，往前看一点点，那就是了不起的成就了。

2. 敢于抓住灵光一闪的思维

一项调查研究表明，那些头脑灵活，敢为人先的人，远比那些拥有高学历却头脑呆板的人要更有前途。很多亿万富翁的第一桶金，都是源于头脑中的灵光一闪。

💡 创新思维

没有敢为人先的勇气，就不会有灿烂的成功

在这浩瀚无际的宇宙里，当我们驻足回首时，会发现原来我们也和所有人一样，是那么的渺小，甚至比一粒微尘还小。然而，经历了数不清的无奈和遗憾、痛苦和悲伤、寒冷和恐惧，我们却从不悲观。我们一直坚强地活着，因为我们明白这个世界原本就是相对的：没有痛苦的挫败，就不会珍惜愉悦的成功；没有坎坷的经历，就收获不了甜美的幸福；没有敢为人先的勇气，就不会有灿烂的成功。所以，任何一个成功者都把不断挑战自我当成自己人生的信条和座右铭。我们也可以说，不断激励自己去挑战新高度，是自我博弈的重要课程，很多时候，只要我们敢迈出第一步，就会触摸到新的高度。

曾经有一个叫卡兰德的军官。有一次，卡兰德看着善游泳的朋友们在阳光下的海水里嬉戏，忽然有一种不舒服的感觉涌上心头。卡兰德告诉他们，自己怕晒黑，所以不想下水。朋友们笑着鼓励他："不要因为怕水，就永远不去游泳。"

第02章
勇敢去试，冒险精神是创新的标志

阳光洒在他们水滑滑、光亮亮的肌肤上，他们像海豚一样快乐地嬉戏着，而卡兰德其实并不想躲在没有阳光的阴影里旁观他们的快乐。他觉得自己是个懦夫。

一个月后，朋友邀卡兰德到一个温泉度假中心。这次，卡兰德鼓足勇气下水了。卡兰德发现自己并没自己想象中那么无能，但他不敢游到水深的地方。

"试试看，"朋友鼓励地对他说，"让水没过自己的头顶，看会不会沉下去！"

于是，卡兰德试了一下。朋友说得没错，在我们意识清醒的状态下，想要沉下去、摸到池底还真的不可能。真是奇妙的体验！

"看，你根本淹不死，沉不下去，为什么要害怕呢？"

卡兰德上了一课，若有所悟。从那天起，他不再怕水，并学会了游泳。虽然不算是游泳健将，但游个四五百米是不成问题的。

和卡兰德一样，生活中我们也要敢于挑战自己。事实上，古今成大事者，最不缺乏的就是敢于挑战的勇气和勇于创新的精神。而当今社会，在很多行业，尤其是科技与互联网、策划、咨询、证券、投资等知识密集型行业，经验已经不重要，重要的是创新精神。而要拥有创新精神，就一定要有勇气，要知道，机会总是留给敢于迎接挑战的人。

要锻炼挑战的勇气，你可以从以下几个方面着手。

1.告诉自己"我能行"

生活中，许多人常常说"我不行"。之所以他们会有这样的意识，是因为两个方面的原因：一是自我意识，二是外来意识。前者是自我否定，后者是来自他人的否定。而要摆脱这些负面的意识，你必须在内心反复暗示自己："我能行。"

在某学校五年级某班召开的班干部竞选大会上，一个小男孩站了起来，他身材矮小，涨红了脸，却很有力地说道："虽然我并不优秀，学习成绩也不太好，但请大家相信我，给我一个机会，我也想为班级做点事。请投我一票吧！"

这样充满决心的请求，有谁会不答应呢？于是，同学们报以热烈的掌声，一致同意这位小男孩担任小队长。从掌声中，这位男孩听到了同学们热情的鼓励："你能行！"当时，他激动得哭了。上任以后，他工作得很出色。

2.多做一些曾经没有做过的事

做曾经不敢做的事，本身就是克服恐惧的过程。如果你退缩、不敢尝试，那么，下次你还是不敢，你永远都做不成。只要你下定决心、勇于尝试，那么，你已经进步了。在将来，即使你会遇到很多困难,但你的勇气一定会帮你获得成功。

3.用心发现机遇

从现在起,你必须要培养自己敏锐的观察力和冷静的头脑。这一点,你要融入日常的工作和生活中,遇到机遇,大胆尝试,你会逐渐积累起经验和自信。

总之,现代社会,不敢冒险就是最大的冒险。没有超人的胆识,就没有超凡的成就。生活中的每个人都要敢于尝试,敢于挑战自己。这样,你就有了做第一个成功者的机会。胆量是使人从优秀到卓越的最关键的一步。你需要勇气,需要胆量,你不是弱者,机会总是留给敢于迎接的人!

第 03 章

思维新奇，独特的思维会收到意想不到的成效

学会观察和想象，才能出奇制胜

思维决定一个人行进的方式。不同的人有不同的思维方式，想法不一样，他们脚下的路自然就不一样。善于优化自己的思维，以发散性思维去考虑问题，就会取得非同一般的成效。这就是说，思维引路，就能够化解我们所遇到的现实问题。

人的思维能力的强弱由观察力、想象力、判断力等几个重要方面决定。观察力是我们思维能力的源头。观察，不是一般的观看，而是有目的、有计划、有步骤、有选择地去观看和考察所要了解的事物。通过深入观察，可以从平常的现象中发现不平常的东西，可以从表面上貌似无关的东西中发现相似点。在观察的同时必须进行分析，只有在观察的基础上进行分析，才能引发思考，形成创造性的认识。

大侦探福尔摩斯的搭档约翰·华生拿出一只表，请福尔摩斯说出它旧主人的习惯和性格。华生认为这很有难度，但是福

尔摩斯拥有非凡的观察力和思考能力,他先从表上的姓氏符号推断出表是华生家族的长子也就是约翰的哥哥的,然后又继续推理道:

"你哥哥是一个放荡不羁的人,常常生活潦倒,但偶然也时来运转,境况很好,最后他是因为好酒而死的。这都是我从表上看出来的。"华生问他其中的缘由,福尔摩斯说道:"请看这只表。我说你哥哥的行为不检点,不仅因为它上面边缘有两处凹痕,而且整个表的上面还有无数的伤痕,这是由于表的主人习惯于把表和钱币、钥匙一类的硬东西放在一个口袋里。对一只价值50多英镑的表这样漫不经心,说他生活不检点,总不算过分吧。

"另外,伦敦当铺的惯例是:每当进一只表,必定要用针尖把当票的号码刻在表的里面。我用放大镜细看里面,发现这类号码至少有4个。于是我得出结论:你哥哥常常窘困,所以屡次去当表。但是,他的境况有时也还不错,否则他就没有能力去赎当了。

"最后,请你注意这有钥匙孔的里盖,围绕钥匙孔有上千个伤痕,这是被钥匙摩擦造成的。清醒的人插钥匙,不是一插就进去了吗?而醉汉的表却没有不留下这种痕迹的,因为他晚上喝醉在酒店上弦,眼睛发花手发抖,所以留下了这么多的痕迹。"华生听后,不禁对他十分佩服。

这是经典的推理小说《福尔摩斯探案集》中的一段小故事。平平常常一只表，大侦探福尔摩斯却从中得到这么多有价值的信息，这是善于用发散性思维进行因果联系、层层递进分析的必然结果。很多问题的实质都是隐藏在表象后面的。因此在观察的同时必须进行逻辑推理，只有这样，才能引发思考，形成创造性的认识。

在观察和推断的基础上，如果能将想象力融入其中，则可以促进思维的升华，达到出奇制胜的效果。

所谓想象，就是由保存在记忆中的表象出发，对这些表象进行加工、改造，从而产生新思想、新方案、新办法或新形象的思维过程。想象是创造者对头脑中储存的事物的特征和信息的一种形象性描写或艺术夸张，常伴随生动的图像，所以是形象思维的结果。想象力能提高创新的层次，因为它不受已有事实的局限，也不受逻辑思维的束缚，所以想象力能为你拓宽创新的视野。

从前，埃及人想知道金字塔的高度，但由于金字塔又高又陡，人工测量十分困难。为此，他们特意向一位智者请教。智者通过实地观测，确定了一个巧妙的方案。他让助手垂直立下一根标杆，不断地测量标杆影子的长度。开始时，影子很长很长，随着太阳渐渐升高，影子的长度逐渐缩短。当标杆的长度与影子的长度相等时,智者急忙让助手测出金字塔影子的长度,然后告诉在场的人:这就是金字塔的高度。

实践经验告诉我们,一切创新活动都离不开想象的先导作用,想象是人类思维得以充分展开的自由翅膀。"缺乏想象力的学者,只能是一个好的流动图书馆和一本活的参考书,他只会掌握知识,但不会创新。"没有想象力,一般思维就难以升华为创新思维,也就不可能做出创新。

要想成功，必须另辟蹊径

《孙子兵法》曾说："凡战者，以正合，以奇胜。"我们做事情的时候也需要借鉴出奇制胜的招数，多用发散思维、逆向思维、跳跃思维等思维方式，抛开心中的一切成见，调动脑子里的所有细胞，快速地运转，才有可能产生好的想法。一些精明的商家在情人节卖玫瑰花的创意，可以给我们一些启示。

1. 卖稀缺。有一种产自荷兰的玫瑰花，叫作"蓝色妖姬"，它的价格比普通的玫瑰花高出数倍。因为市面上通常见到的玫瑰花都是红、白、黄、粉红等几种颜色，纯蓝色的玫瑰花非常罕见，物以稀为贵，价格自然就上来了。另外，"蓝色妖姬"这个名字，本身就含有神秘、浪漫的意味，可以激起人们的购买欲望。

2. 卖服务。玫瑰花是情人节的专属礼品，无论是对于热恋中的情侣还是对于求爱的对象，玫瑰花都是表达爱意的一种介质。消费者在送给爱人玫瑰花的时候，总想体现一种特别的意义。精明的商家自然不会忽略这一点,他们将数量不等的玫瑰花塑造成各种造型,而每种造型又都被赋予了不同的寓意。另外,更有贴心服务,如即时配送、代写卡片等,对于那些终日忙碌,而又一心想给爱侣一份节日惊喜的都市白领来说,这一招对他们非常适用。

3. 卖优惠。很多信誉好的花店,会顺势推出情人节玫瑰花"期货"服务。花店标出花朵或花束的价格,接受情人节预订。对于送花的人来说,由此可以规避当天玫瑰花价格飞涨或者缺货的风险,自然愿意接受这一服务。

在现代社会里,人们有更充裕的金钱追求物质享受,正因如此,也就需要更多勇于创新的人,来创造更多更加新奇也能够赚钱的商品或服务。例如,怎样使沙发坐起来更舒服?怎样使衣服穿起来更舒适、好看?怎样使吃的东西更加方便和美味可口?需要创新和改进的东西太多,我们唯有把握机会才能创造财富,取得成功。有位企业家总结自己的成功经验时说:"我庆幸自己与别人比有独创性的构想,做别人看不到和不能做的事,才能成功。"

当某个人在新开辟的路上走向成功之后,人们便认为这是一条成功之路。于是很多人都挤向这条路,由于人多的缘故,此路便形成堵塞。这时候,聪明人总是能够再找一条路,由于这条新路是刚开辟的，多数人还不认识这条路，所以畅通无阻，于是聪明人又先一步到达成功的终点。等多数人再赶赴这条新路的终点时，成功的果实已被摘走。

某市的房地产公司中，有两家企业规模不相上下，市场定位也差不多，它们既是合作伙伴，相互之间也存在竞争关系。年初的时候，两家公司都想在东南方郊区投资房地产，并各自派人前去考察。在公司的论证会上，第一家企业得出的结论是："那里人口稀少，且距离市中心太远，交通不方便，不属于'热地'，房子建好了销售并不看好，会影响公司资金周转，应该放弃这个项目。"而另一家企业在详细考察之后，却得出结论："该地虽然人口稀少，但那里环境幽雅，人们厌倦了城市的喧哗，定会喜欢在那里生活。可以考虑在这里开发特色房地产项目。"结果证明还是第二家企业眼光精准，随着城市化的进程，城里人越来越向往农村生活，这一特色房地产项目迎合了这一需求，果然大获成功。

想真正有所成就的人，必须学会思考，不要因循守旧。如今的市场如战场般硝烟滚滚，谁有眼光，谁能够看到趋势，谁就能抢得先机。要在充满不确定因素的环境中，看清事物的发展方向，走出属于自己的道路，离不开高瞻远瞩的洞察力和创新思想，这样才有可能在做事上比别人快"半拍"。

要想成功，必须另辟蹊径，不能随波逐流，要摆脱跟随的习惯。要做到这一点，其实并不是十分困难，有志于创立一番事业的人，完全可以从日常生活开始，有意识地培养和训练自己的创新思维。如果你有了想法，无论是什么样的想法，你都应当表达出来。如果是独自一人，你就对自己表达一番；如果你身处群体之中，不妨告诉其他人，共同进行探讨。时间久了，你的头脑会更加灵活，眼光会更加敏锐，在平庸的人群中脱颖而出是必然的结果。

第03章
思维新奇，独特的思维会收到意想不到的成效

好奇心对人们的创造活动有极大的推动作用

人天生就有好奇心，即使是小婴儿纯真的眼睛，也会滴溜溜地看世界，这就是好奇心在起作用。尤其是在懵懂的年纪，幼儿更是喜欢问东问西，似乎对整个世界都好奇不已，"这是什么""那是什么""为什么会这样"等简单的问题，会整日不停地从孩子口中蹦出来。可以说，好奇是人类的天性。即便长大成人，人们也依然非常好奇。从心理学的角度而言，好奇心不但能够促使人们探索这个世界，对于人们的创造活动也会起到极大的推动作用。每个人都应该有好奇心，这样才能始终对生活满怀兴趣。换个角度而言，假如人们对世界失去好奇心，对任何事情都漠不关心，也提不起兴致来，那么世界将会变得非常枯燥乏味。

一般情况下，好奇心与创造力、自信心是相辅相成的。一个人好奇心越强，也就越会对世界充满探索的欲望，越能够动力十足地探索世界，从而激发自己无限的想象力和创造力。如著名的发明家爱迪生，就是因为充满好奇心，对一切事情都感

到万分惊奇,因而总有不达目的不罢休的探索精神,最终才能成为发明大王。他甚至为了弄清楚母鸡为什么能够孵出小鸡,还曾亲自把鸡蛋焐在自己的屁股下面呢!尽管这只是关于爱迪生的轶事,但是却让人们了解了爱迪生的好奇心之强和探索精神之一丝不苟。古今中外,像爱迪生这样充满好奇心的发明家有很多,他们都有相同的特点,那就是在好奇心的驱使下始终不停地探索。

曾经,有位奥地利医生无意间看到儿子在熟睡的状态下,眼珠子突然转动起来。对此,医生感到非常惊讶,因为人在睡着的状态下目不能视,为何眼珠子还会转动呢?于是他马上叫醒儿子,并且帮助儿子回忆睡着时发生了什么。儿子告诉医生他做了个梦。医生由此想到:人是不是因为做梦,所以眼珠才会转动呢?他对于自己提出的这个设想产生了浓厚的兴趣,因而先以儿子为实验对象,每当儿子睡觉,他就会守候在一旁观察儿子的眼睛。一旦发现儿子的眼珠子开始转动,他马上就会把儿子叫醒,每次儿子都说自己做了一个梦。于是,医生开始扩大实验范围,把身边的父母、妻子及兄弟姐妹,也当成自己的实验对象。果不其然,大家全都证实,当在睡眠中转动眼珠时,的确是在做梦。对此,医生结合心理学和医学的相关知识,撰写了一篇论文,证实自己提出的猜想:如果人在睡眠状态下转动眼珠，就说明其在做梦。

这篇论文在世界科学界产生了深远的影响，如今，专门研究梦的心理学家和医生，还会通过观察人们眼珠转动的次数，来推断人们在睡眠状态下做梦的次数，以及做梦的时间长短等。

一个无意间的发现，也许有些人轻而易举地放过了，但是好奇心强的有心人也许会深入挖掘，最终有惊人的发现。历史的车轮正是在这些好奇心强的人推动下，不断地滚滚向前，也因为他们的发现和发明，使人类社会更快速地进步。

纵观历史长河，这样的发现并不少见，唯有认真钻研的人，才能最终有所建树。随着时光的流逝，人的生命渐渐老去，唯有保持一颗永远年轻的好奇之心，才能在发现和创新的道路上永远年轻。

创新思维

要想拥有创新的人生，就要及时抓住灵感

要想获得创造力，拥有创新的人生，当然是不能缺少灵感的。不过，坐等灵感是行不通的，这就像是等着天上掉馅饼一样不切实际。我们一定要主动出击，主动寻找灵感，帮助自己迎接灵感的到来。那么，到底何为灵感呢？从神经学的角度而言，其实就是原本没有畅通的神经突然接通，由此心中豁然开朗，甚至文思泉涌，突发奇想。这都是得到灵感的表现。生活中的很多时候，灵感的确能够让我们感到人生别有洞天，从而更加顺利和圆满地解决问题。尤其是对于从事创作的人而言，灵感显得更加不可或缺。很多时候，人们突然间发现灵感到来，甚至提笔写诗、提笔作画。

诗仙李白人尽皆知，他最喜欢的就是喝酒之后吟诗，可能是酒精刺激了他的灵感，使他豪情大发。当然，寻找灵感的方式绝不仅限于喝酒，如果因此而嗜酒，就会导致严重的后果。我们应该找到最适合自己的方式寻找灵感，如画家可以四处游山玩水，从大自然的钟灵毓秀中寻找灵感。总而言之，我们应

该根据自身的实际情况，以最恰到好处的方式寻找灵感。

需要注意的是，灵感虽然看似妙手偶得，实际上并非完全来自外界。我们只有努力提高自身的知识修养，才能在灵感到来的时候准确抓住灵感。相反，一个人如果孤陋寡闻，才疏学浅，是无论如何也找不到灵感的踪迹的。这是灵感的特性，因为灵感总是存在于人的潜意识中，只有在接收大量信息且知识储备丰富的情况下，灵感才会更加频繁地出现。

生活中，也许朋友们会有这样的感触，即苦苦思索一个难题而没有得到答案，但是在睡梦中突然间就想出了答案，因而惊醒，顺利解决了难题。这就是因为求索而得到的灵感。例如，阿基米德想出计算王冠密度的方法、牛顿被苹果砸中之后提出万有引力，都是因为他们始终在坚持不懈地思考解决问题的方法。虽然人看似在休息，实则大脑还在高速运转，因而他们最终灵光一闪，找到了巧妙的方法。朋友们，当生活中遇到难解的问题时，如果一味思索始终找不到答案，不如让自己放松一下；或者学学牛顿去苹果树下坐一坐，看看远处的青山绿水；或者学学阿基米德去澡堂洗个热水澡放松一下；当然也可以找一些自己喜欢的方式放松。也许答案突然间就蹦到你的脑海里了。

作为一名摄影师，琳达的表现无疑是非常出色的。她的作

创新思维

品充满灵气,尤其是人物摄影,即使是置身摄影棚中拍摄的,也有飘逸灵动的感觉。为此,很多大明星都排队找琳达拍摄写真。为什么琳达的摄影如此优秀呢?面对徒弟的请教,琳达说:"其实,摄影虽然看似简单,只要拿相机拍一拍,但是却能够通过画面传达出很多复杂的情绪和思想。因而,我经常去四处采风,走到大自然之中,走入隐藏在深山里的民族,拍摄风景和人物。也许是见多识广吧,心中也就有了很多灵感。假如一名摄影师只知道在摄影棚里工作,那他就只能成为一名摄影的匠人,与摄影师还差得很远呢!"琳达的话给了徒弟极大的启发,徒弟佩服得五体投地,激动地说:"师父,那下次采风也带上我吧。其实我以前一直以为你是因为喜欢旅游,所以四处乱跑呢!看来,为了使用好这个小小的镜头,我需要学习的东西还有很多很多啊!"

一个情商高的人原本就非常主动地对待人生,因而他们绝不会浪费宝贵的时间,等着灵感从天而降。他们会通过各种适合自己的方式积极地寻找灵感,从而帮助灵感尽早到来。唯有如此,我们的生活和工作才能提高效率,变得更加具有灵气,解决问题的方式也更加别出心裁,给人们带来惊喜。

直白地说,灵感就是脑海中的灵光乍现。很多情况下,灵感都是转瞬即逝的,就像那些千载难逢的好机会一样,唯有及时抓住，才不会与其失之交臂。当灵感突然到来时，朋友们，一定要放下手中的事情，马上把灵感记录下来，避免其逃之夭夭。接下来，再从容地将其运用到生活和工作中。

创新思维

学会多个角度看问题

人生就像一朵鲜花，有时开，有时败，有时候微笑，有时候低头不语。其实，人生就是这样，无论你处于什么样的境地，只要多角度看问题，你就会发现心灵的另一扇窗户打开了，你会发现人生是美好的，而我们所遭遇的那些根本算不了什么。人生之路本就是一条曲折之路，当我们被绊倒的时候，应多角度看问题，打开心灵的另一扇窗，以一种积极、乐观的态度去面对人生中的一切。半杯果汁静静地在杯子中，来了个孩子，看了看摇摇头，说道："嗨，只有半杯果汁。"过了一会儿，又来了一个孩子，看到以后兴奋地说："太好了，还有半杯果汁。"足见，不同的角度看问题，会让我们获得全然不同的心境。所以，学会多角度看问题吧，这样你会发现事情远没有想象中那么糟糕。

有四个小孩在山顶上玩耍，正玩得起劲的时候，突然，从山顶远处窜出来一只大狗熊。第一个小孩反应很快，拔腿就跑，一口气跑了好几百米，跑着跑着，他感到身后没有人，回头一看，其他三个孩子都没有动。他大声喊道："你们三个怎么还不跑呀，狗熊来了会吃人的！"

第二个小孩正在系鞋带，他回答说："废话，谁不知道狗熊会吃人呀，别忘了狗熊最擅长的就是长跑，你短跑有什么用？我不用跑过狗熊，只需要跑过你就行了。"说完，他问旁边的小孩："你愣着做什么？"第三个小孩说："你们跑吧，跑得越远越好，一会儿狗熊跑近我的时候，我会保持安全距离，把狗熊引到我爸爸的森林公园，给我爸爸带回一份'固定资产'。"说完，他忍不住问第四个小孩："你怎么不跑啊？"第四个小孩说："你们瞎跑什么呀，老师说了在没有弄清楚问题的时候，不要乱做决策，不要乱判断，需要做好调查。狗熊是不会轻易吃人的，你们看，山那边有一群野猪，狗熊是奔着野猪去的。你们跑什么呀？"

面对"狗熊来了"这同一件事，不同的小孩有不同的思维方式，而每一种思维方式都比前一种考虑得更周到。事实上，当我们试着多角度看问题的时候，你会发现狗熊并不是冲你来的，内心那些恐惧和忧虑是多余的，完全没有必要，生活依然是美好的，我们完全可以放下心中沉重的包袱。每一个人眼中都有一个与众不同的"小宇宙"，不同的人在各自的"小宇宙"中发现着不同的色彩，演绎着各自的人生。

创新思维

英国一个小学曾举办过一次有奖竞答活动，题目是这样的：

在一只热气球上，载着三位关系着人类生存和命运的科学家。一位是环保专家，如果没有他，地球在不久之后会变成一个到处散发着恶臭的太空垃圾场；另一位是生物专家，他能使不毛之地变成良田，解决几亿人的生存问题，还能够运用基因技术使人的寿命延长到200岁；还有一位是国际事务调解专家，没有他的存在，各个军事大国的矛盾可能就会一触即发，地球将处于核战争的阴影之中。但是，不幸的是，三位专家所乘坐的热气球发生了故障，正在急速下坠，只有把其中一个人扔出去，也许还有可能脱离危险。问题是，把谁扔下去呢？

到底该把谁扔下去呢？孩子们想了起来：环保专家很重要，没有他地球将会毁灭；可是，生物专家解决的可是生存问题，没有了粮食人类就会饿死；而国际调解专家也很重要，如果发生了核战争，人类也将会灭亡。这时，一个小男孩说出了正确的答案："把最胖的一个扔下去。"

有时候，我们凭着传统的思维来解决问题，常常会陷入，谁知，机会往往会在你犹豫不决时悄然离去。如果我们都能像那个小男孩一样，跳出常规思维，用一种全然不同的思路和方法去解决问题，可能就会有豁然开朗的感觉。多角度看问题，我们常常会获得意外的惊喜。

卡耐基认为，在现实生活中，许多事情如果多个角度或者换个角度思考，你就有了不同的心情，不同的答案。多个角度看问题，我们要有推翻成见的勇气和别出心裁的智慧。即使在黑暗的峡谷，我们也会沿着光走出来，顿时，你会有一种豁然开朗的感觉。那么，具体可以怎么做呢？

1. 换一种思维，换一种心情

曾经听过这样一个故事：有个老太太有两个儿子，一个卖伞，一个刷墙。于是，老太太天天提心吊胆，闷闷不乐。因为晴天的时候，她担心儿子的伞卖不出去，下雨的时候，她又开始发愁另外一个儿子没法刷墙。后来，一位智者告诉她："要多个角度看问题，你想想，下雨的时候伞卖得最多，天晴的时候刷墙正好，什么时候都不会错的。"老太太听了，笑逐颜开，再也不用担心了。

2. 突破自己的思维

老师在一张白纸中画了一个黑色圆点。老师问学生："你们看见了什么？"全班同学一起回答："一个黑点。"老师说："你们只说对了一部分；画中最大的部分是空白。只见小，不见大，就会束缚我们的思考力，许多人不能突破自己，原因就是在这里。"很多时候，传统的思维定式会束缚我们的想象力，而多种角度看问题，我们可能会有新的发现。

第 04 章

反向思考，不走寻常路才能收获不同寻常的成功

第04章
反向思考，不走寻常路才能收获不同寻常的成功

逆向思维给你带来意想不到的收获

生活中，你可能有这样的经历：你已经习惯了从凹处切分苹果，若不改变切法，不管切多久，都不会有新奇的发现；若横切一刀，你就会发现苹果核竟呈现出清晰的五角星状。的确，很多时候，当我们的思维处于短路的状态时，假如我们进行逆向思维的话，就会豁然开朗，解决问题。可能你也常常听说逆向思维。所谓逆向思维，也叫求异思维，它是反过来思考司空见惯的似乎已成定论的事物或观点的一种思维方式。敢于"反其道而思之"，让思维向对立面的方向发展，从问题的相反面深入地进行探索，才能树立新思想，创立新方法。当大家都朝着一个固定的方向思考问题时，你却独自朝相反的方向思索，这样的思维方式就叫逆向思维。

生活中，可能你已经习惯于沿着事物发展的正方向去思考问题并寻求解决办法。其实，对于某些问题，尤其是一些特殊问题，从结论往回推，倒过来思考，从求解回到已知条件，再反过去想，或许会使问题简单化。

创新思维

犹太人厚利适销的经营法则其实就是逆向思维的体现。薄利多销是我们惯用的经营方法，而这一方法是针对普通大众的，对于掌握绝大多数财富的有钱人来说，要想赚到他们的钱，就要反其道而行之——厚利适销。这正是犹太人能够赚取大量利润的原因之一。

精明的商人应该学习犹太人的生意经，在众多商家共同走的路上寻找出一条适合自己的道路。有时候，反弹琵琶会收到意想不到的结果。

我们先来看一个关于逆向思维的经典小故事：

加里·沙克是一位具有犹太血统的老人。退休后，他在学校附近买了一间简陋的房子。住下的前几个星期还很安静，但不久，有三个年轻人开始在附近踢垃圾桶闹着玩。

老人受不了这些噪音，出去跟年轻人谈判。"你们玩得真开心。"他说，"我喜欢看你们玩得这样高兴。如果你们每天都来踢垃圾桶，我将每天给你们每人一块钱。"

三个年轻人很高兴，更加卖力地表演"足下功夫"。不料三天后，老人忧愁地说："通货膨胀减少了我的收入，从明天起，只能给你们每人五毛钱了。"年轻人显得不大开心，但还是接受了老人的条件。他们每天继续去踢垃圾桶。

一周后，老人又对他们说："最近没有收到养老金支票，对不起，每天只能给两毛了。""两毛钱？"一个年轻人脸色发青，"我们才不会为了区区两毛钱浪费宝贵的时间在这里表演呢，不干了！"从此以后，老人又过上了安静的日子。

按照一般人的想法，肯定是用强力赶走制造噪音的人，至于是否奏效则没有保障。犹太老人用了一个看起来难以理解的办法，却达到了最终想要的效果。

的确，思路一变天地宽，很多时候，你认为已经无路可走，但只要你能转换思考的角度，你就能找到出路。

某时装店的经理不小心将一条高档呢裙烧了一个洞，使裙子价格一落千丈。如果用织补法补救，也只是蒙混过关，欺骗顾客。这位经理突发奇想，干脆在小洞的周围又挖了许多小洞，并精心修饰，将其命名为"凤尾裙"。结果，"凤尾裙"销路大开，该时装商店也出了名。

逆向思维带来了可观的经济效益。无跟袜的诞生与"凤尾裙"异曲同工。因为袜跟容易破，一破就毁了一双袜子，商家运用逆向思维，制作无跟袜，创造了非常良好的商机。

逆向思维有以下三大类型：

1. 从事物的相反方向思考

生活中，我们思考事物通常遵循一定的顺序，而且大部分情况下，我们已经习惯了按照这一顺序。而逆向思维方法就是从已知事物的反方向思考，从而产生新的途径。

这种"相反方向"通常指的是事物的功能、结构、因果关系等三个方面。比如，我们可以看到，现在市场上很火爆的无烟煎鱼锅就是利用这一思维——把原有煎鱼锅的热源由锅的下面安装到锅的上面，进而有了新的产物。

2. 转换手段或者转换角度思考

通常，我们在研究某个问题时，如果应用某一种方法效果不佳，我们就会改换成另外一种手段，或者转换角度思考，使问题顺利解决。比如，我们在童年时代就了解到的司马光砸缸救落水儿童的故事，其实就是运用了思维转换的方法。

3. 变缺点为优点，化被动为主动

没有绝对完美的事物，因此，我们便可以利用事物的缺点，化不利为有利。这种方法的出发点并不是要克服事物的缺点，而是要找到化弊为利的突破口，如金属腐蚀是一种常见现象，也是我们不希望看到的；然而，人们想到了运用金属腐蚀原理进行金属粉末生产的方法，也开发了用腐蚀原理进行电镀等其他用途，这无疑就是缺点逆用思维方法的典范。

我们不得不承认，这个社会中大多数人还是选择跟随主流

方向走的，那些与人群相逆的人，常被视为不可理喻的"怪人"。然而，正如真理往往掌握在少数人手里一样，财富与成功也往往掌握在少数人手里。那些少数的"怪人"，那些从来不按套路出牌的"怪人"，就是他们享受着财富和成功的青睐。

创新思维

懂得思考并且掌握方法很关键

每一个人都要努力做到：用脑去想，用心去做。学会思考，学会发现问题、解决问题，学会认认真真地做好每一件事。聪明地做事，好机会就会来到你的身边。大部分人都顺从于他们的欲望，无所作为地工作，以至于没有时间来思考节省时间和精力的方法。缺乏思考能力和做事方法的人，他们往往事倍功半，费力不讨好。

有一个悬驼就石的故事，可以给我们一些启示。

古时候有个人得到一匹死骆驼，回到家里，他开始给骆驼剥皮。剥了一会儿，他发现刀子不快了。楼上有块磨刀石，于是他一会儿上楼磨刀，一会儿下楼剥皮，上上下下，累得气喘吁吁。

几次三番之后，这个人觉得有哪里不对，他拍了下脑袋恍然大悟：骆驼离磨刀石太远了。于是他想了一个办法，费尽力气把骆驼吊到二楼，悬挂在窗口，继续剥皮。这下他磨刀就方便多了，不必再跑上跑下。

在众多的方法中，剥骆驼的人所使用的方法是最笨、效率最低的一种。这就像走路，明明有很多近路，可他偏偏不走，就是一心一意地绕圈子，累得半死不说，还达不到目的。我们在刻苦的同时，必须选择最佳的方法，这样才能事半功倍。通过走近路而节省时间去干其他的事，会使我们有更大的收益。

如果在你的学习生活中，往往是付出很多，却很少得到对等的回报，这时候，你就应该考虑一下自己做事的方式。这就好比一群人上山打柴，他们有人扫地下的枯枝碎叶，有人用铁锹挖树，而有人用锋利的斧头砍树枝。在这三种做法中，当然是砍柴的人的方法最实用有效。扫树叶和挖大树的人，虽已累得汗流满面，却很难看到明显的成效。事实上，方法的重要性，在各行各业都有直接的体现。

19世纪，中国瓷器大量出口欧洲。中国瓷器一向以造型优美、制作精细著称。那么，这些怕磕怕碰的易碎品，是怎么经过重重风浪，漂洋过海，完好无损地到达目的地的呢？

在一般的思路里，肯定是将它们层层保护起来，但是这样无疑增加了运输成本，算不上最佳方法。人的智慧是无穷的，当年中国商人是这样将瓷器运送出口的。他们先在精雕细刻的樟木箱里填满茶叶，将瓷器打包埋在茶叶里。然后把樟木箱装进固定在船舱地板上的大木箱里，四周用次等的茶叶塞满。由于内外两层茶叶填充得非常紧密，木箱做得又结实，即使在海上遇到风浪，货物也可以毫无损伤。

货船靠岸，商人们把茶叶筛选分包，卖给茶商。小樟木箱被当成首饰盒卖到各地的古玩店，大些的便卖给欧洲人当家具，最后卖的才是瓷器。里里外外都没有浪费的东西，利润非常可观。

这就是古人的统筹学，是低损耗、高收益的典范。对于现代人来说，防压防震的方法可能有很多，但这些都归功于科技的发展，而不是单纯的方法。在现有的条件下可以实现最大价值的方法，才可以称为好方法。

人活于世，仅仅知道做什么是不够的，因为人的命运取决于做事的结果，而结果取决于做事的方法。做事持之以恒、有毅力、肯努力，这些都是优秀的品质。然而，方法比瞎忙更重要。抓不住事情的关键所在，只知道埋头干事的人，最后只能白费气力，解决不了任何问题。有人曾经问一位高尔夫球高手："我是不是要多做练习？"高尔夫球高手却回答道："不，如果你不先把挥杆要领掌握好，再多的练习也没用。"

无数人的实践经验证明了这一点：单纯地努力工作并不能

如预期的那样给自己带来快乐，一味地勤劳并不能为自己带来想象中的生活。懂得思考，掌握方法，这是做事最关键的一点。身处激烈竞争的社会，同样一项工作任务，有的人可以十分轻松地完成，而有的人还没有开始就时不时出现这样或那样的问题。其中的关键，就在于前者用大脑在工作，想方法去解决问题。只有在工作中主动想办法解决困难、问题的人，才能成为单位中最受欢迎的人。

在生活中，我们不可能总是一帆风顺，当遇到难题的时候，绝对不应该一味下蛮力去干，而要多动脑筋，看看自己努力的方向、做事的方法是否正确。

创新思维

善用逆向思维，转换一下思路

人们经常会提到逆向思维，也都明白逆向探索的重要意义。但是在现实生活中，大家还是习惯于常规思维。因此，很多实际可以解决的问题，就被人们看成无法做到、难以解决的问题。

生活中这样的事例有很多，明明很简单的事情，总是被人为地复杂化了。有时候只需转换一下思维，问题就豁然开朗。

几位博士在一家餐厅吃饭，发现餐桌上调味瓷罐的标识有误，盖子上标识为"盐"的罐子里装的是胡椒粉，而标识为"胡椒粉"的罐子里装的却是盐。

于是一个新课题出现了：怎样借助餐馆现有的工具，在没有抛洒的情况下，将两瓶调料对调过来？

博士们开动了聪明的大脑，提出了一个又一个方案。大家都认可的最佳方案是将两罐调料倒入空碟子里，然后将餐巾纸卷成漏斗状，让调料各就各位回到罐子里。如此完美的方案让大家都兴奋起来，博士们挽起袖子，准备亲自动手。

他们这边的热闹吸引了一个年轻的服务员，服务员走了过来，问明情况之后，什么也没说，只是拿起盐罐和胡椒粉罐的盖子互换了一下。

从实际出发，在实践中思考，在思考中实践，思考得越深，就会实践得越好。实践是一种磨砺，思考同样是一种磨砺，而且是一种更深层次的磨砺。

换一种思维，就会从另外一个方面判断问题，从而把不利变为有利。换一种思维方式，把问题倒过来看，不但能使你在做事情时找到峰回路转的契机，还能帮你找回应对一切波折险阻的从容心态。

只要思路理顺了，这个世界上就不存在困难，只存在暂时还没想到的方法，然而方法终究是会想出来的。当你面临一个难以解决的问题时，应该这样想："是不是还有另外一条事半功倍的道路可以试一试呢？那样或许会获得成功。"事情怎么做，本来没有一定之规，能够因势利导，以小的付出换取大的回报，就是此中高手。

有些事，看起来千头万绪，无从入手。而事实上，在每件事情中起决定性作用的还是思路，思路通，则事通。

一般情况下，"直接式"处理问题，能快捷、迅速、及时地把问题搞定，是处理一般性问题的很好方式。对于那些非常困难的问题，转换一下思路，另辟蹊径，也是一种巧妙的策略。其实它是转化矛盾，使之逐渐趋于和平，直至最后彻底解决矛盾的一种特殊方法。

化繁为简，摆脱传统思维的限制

海尔总裁张瑞敏曾说过："我感觉在企业里最难的工作就是把复杂问题简化，如流程再造就是简化流程。但为什么做起来很难？关键是领导！领导只要看不到问题的本质，就简化不了流程。就事论事，会越办越复杂。"原通用电气董事长兼CEO杰克·韦尔奇曾经就管理问题提出："管理效率出自简单。"张瑞敏和杰克·韦尔奇的观点不仅适用于管理工作，更适用于人类的思考活动。

生活中的人们，在学习和做事的过程中，只有做到化繁为简，摆脱传统思维的限制，才能一针见血找到问题的关键。在"司马光砸缸"的故事中，司马光为什么能做到急中生智救出同伴？就是抓住"焦点"思考问题的结果。不妨试想一下，如果你也遇到这种情况，你会怎么做呢？可能你也会和故事中的其他孩子一样，要么喊人救命，要么大哭；而只要你冷静下来思考一下，其实就能想出有效的解决办法——砸缸。

从这个故事中，我们也能看出一点：将思维转个弯，直击问题的要害，很多事情都将迎刃而解。

相信不少人都或多或少有过考试的经历，考试中，可能你遇到过这样的情况：很多选择题的错误选项都很有迷惑性，你常常陷入困惑，但此时，如果你能直击问题的症结，就能找到最佳答案。

1960年英国某农场主为节约开支，购进一批发霉花生喂养农场的十万只火鸡和小鸭，结果这批火鸡和小鸭很多都得癌症死了。1963年澳大利亚又有人用发霉花生喂养大白鼠、鱼等动物，结果被喂养的动物也有很多患癌症死了。研究人员从收集到的这些资料中得出一个结论：在不同地区，不同种类的动物食用发霉花生都患了癌症，因此发霉花生是致癌物。后来又经过研究发现：发霉花生内含有黄曲霉素，而黄曲霉素正是致癌物质。这就是聚合思维法的运用。

当然，如果你有兴趣再进一步发散思考的话，你还会想下去：既然黄曲霉素是致癌物质，那么凡是含有黄曲霉素的食物也都是致癌物；除发霉花生含有黄曲霉素外，还有哪些食物含有黄曲霉素呢？

这个案例对你是否有所启示呢？如果你遇到了问题，那么对于手中掌握的多个相关素材，你也要学会找到相关要素，或并列，或正反，或层进，以便在素材运用时能产生"合力"。当然，你在应用这一方法时，一般要注意三个步骤：

1. 收集掌握各种有关信息

采取各种方法和途径，收集和掌握与思维目标有关的信息，而资料信息越多越好，这是找到关键点的前提，有了这个前提，才有可能得出正确结论。

2. 对掌握的各种信息进行分析、清理和筛选

这是解决问题的关键步骤。通过对收集到的各种资料进行分析，区分出它们与思维目标的相关程度，以便把重要的信息保留下来，把无关的或关系不大的信息淘汰。经过清理和筛选后，还要对各种相关信息进行抽象、概括、比较、归纳，从而找出它们的共同的特性和本质的方面。

3. 整合信息，客观分析

客观地、实事求是地得出科学结论，达成思维目标。

总之，在解决问题时，如果你能遵循以上三个步骤，一定能帮你找到问题的症结，从而有的放矢地解决问题。

创新思维

直线性思维在很多地方要碰壁

上学时，在学习数学时我们都学过一条定理："两点之间最短的距离定是直线。"然而在生活中，这条定理真的是真理吗？答案是否定的。举个最简单的例子，我们在走路时，很多时候，走直线是走不通的，而试着弯着走或者斜着走，说不定会走得更顺。再举个例子，还是走路，从A到B，明明可以直接过去，但所有人都不走，那你最好也别走，因为可能有陷阱。在人与人的关系以及做事情的过程中，我们很难直截了当地把事情做好。我们有时需要等待，有时需要合作，有时需要技巧。我们做事情会碰到很多困难和障碍，有时候我们并不一定要硬挺、硬冲，我们可以选择有困难绕过去，有障碍绕过去，也许这样做事情更加顺利。总的来说，凡事不能钻牛角尖，不能直接走通的路，绕个弯走。

古代有两个商人经过一片沙漠时迷路了。沙漠浩瀚无边，方圆百里没有任何参照物，除了沙子还是沙子。他们不知道往哪边走，走了一阵子又走回了原地。到了晚上，两个人只好在沙漠里冻了一宿。

第二天，两个人的意见发生了分歧。第一个人坚决认为要往西走，第二个人虽然不知道要往哪边走，但不同意第一个人的意见，说：来的时候就是这个方向，怎么可能往回走呢？

冲突得不到解决，两个人只好各走各的路。

第一个人为了走出沙漠，认为不管是回去的路还是走到其他什么地方的路，只要能走出沙漠就好。于是他坚定一个信念，只朝着一个方向走，虽然朝着这一个方向走并不是直线。两天两夜后，他的食物和水已经用完了。正当他绝望之际，他看见了前面不远处的炊烟正袅袅升起，像是欢迎他的到来。就这样，第一个人成功地走出了沙漠。

第二个人认为两点之间最短的距离是直线，只要走直线，不走弯路，就一定会走出沙漠，而且会比第一个人先走出沙漠。为了走出沙漠，他在原地做了一个记号，然后朝东走。走了没多久，他觉得不对，以为自己走了弯路，又返回原地。接着往南走，不多久又折了回来。接着往北走，走了半天仍然不见一个人影，以为又走错了，还是回到了原地。接下来，他尝试了西南、西北、东南、东北，几乎每一个方向都试过了，他还是回到了原地。这时候，他的食物和水也用完了。几天后，这个人不但没有比第一个人先走出沙漠，反而死在了沙漠里。

他死的时候仍然不明白：沙漠里没有直线，只有方向。

可见，如果你不转变你的思路，一味地追求所谓的直线，那么等待你的只能是死路一条。事实上，我们的人生会遇到很多像沙漠这样的迷宫，既然是迷宫，就不要奢望两点之间的直线会拯救你，你就应该静下心来，好好地想一想：我到底该走哪一条路？是走最短的路？还是走最有效的路？捷径又是什么？捷径就是最短的路吗？只有想清楚了，摒除心中根深蒂固的直线情结，不盲目追求最短的距离，选择一条正确的道路，这样你才会成功地到达你的目的地。或许时间是稍微长了一点，但这有什么关系呢？我们的目的不就是要到达目的地吗？难道你想一辈子在原地打转？没有人会这样想，你也不会。

我们都知道拔苗助长的故事。一个农夫为了让自己的禾苗快点长高，竟然亲自去田地里一株一株地把禾苗拔高，结果禾苗不但没有长高，反而由于缺乏水分和营养，在太阳的暴晒下枯萎了。农夫的愿望是美好的，我们不能理解的是他实现愿望的方式，他是一个典型的"直线病患者"，为了追求最快最短，结果却断了自己的衣食之源。说起这个故事我们常常会嘲笑农夫，然而在嘲笑农夫的同时，我们应该扪心自问一下：自己是否也经常犯这样的错误呢？

所以，从现在起我们必须明白：我们要的是最有效的距离。做好一件事情、到达一个目的地，有些过程、有些距离是必须的。如果你是一个毕业生，而且想成为一名优秀的企业家，那么你现在应该做的就是积累，而不是马上去开公司。如果你想成为一个作家，但你只不过初出茅庐，那你就不要老想着自己的思想有多么深奥，你首先要做的是得到读者的认可。

总之，两点之间最短的距离不一定是直线。对于任何事，直线思维都有可能让我们碰壁，我们一定要懂得变通，择善而行。

第 05 章

奇思妙想,帮你打开人生的幸运之门

思维能催生创意

在很多情况下,机会并不是一个悬在半空的金苹果——人人都看得到,只要跳得高就能摸到。机会往往藏在"不可能"的后面,你有慧眼,它就在,你脑筋太死,它就是一片空白。每个正为自己的成功打拼的人,可以说"我的实力不够",也可以说"我的经营技术还不完善",这都是客观存在的因素,任何人都回避不了。但是你永远不能说"我没有机会",这就是主观认知的问题,这样的人心底里根本就没有开拓的意念。只要有头脑、有眼光,谁都会有机会。

在一次思维拓展培训课上,老师给他的学生出了一道难题:一件价值50元的白色T恤,如何让它最大限度地增值?

同学们都低头思考。一位学生站起来回答:"给它加一个高大上的包装,提升观感,价格就能提上来。"

老师轻轻地拍了下手,表示这种思路没有问题。下面的同学们开始活跃起来,一位学生说:"给T恤印上流行语,或者是一些有趣味的句子,做成文化衫,有自身的特色,一定能卖一个好价钱。"

大家七嘴八舌地出主意,只是这些主意还是围绕着T恤本身想出来的,大幅度提价还是有些困难。这时,一位一直没有发声的同学说:"如果恰好有名人喜欢这种T恤就好了,我们可以把这个点宣传出去,只要文案写得巧妙,一定会使T恤升值。"

老师赞扬了这位同学,并提出疑问:"假如这件T恤和名人明星都联系不上怎么办?还有别的法子将它卖出个大价钱吗?"

于是,又有一位同学站出来说:"可以制造与这件T恤相联系的轰动效应,例如请名人为它签字,或让它跟着宇航员周游太空等。"

使用发散性思维,一件普通的T恤也有巨大的升值空间。经营我们自己的人生,也是同样的道理。虽然我们都是一些平凡的人,但是每个人身上总有些与众不同的特点:你可能想象力丰富,也可能思维缜密;可能意志坚定、耐得住寂寞,也可能亲和力强、人缘超好。如果对这些特点等闲视之,它们也就是一种平常的性格特点而已,如果用心去发掘,说不定就可以围绕着它们,创造出巨大的效益。

第05章
奇思妙想，帮你打开人生的幸运之门

米勒太太是一家公司的清洁工，她是一个四十多岁、身材微胖的普通女人，但她有一个特点，那就是具有超强的亲和力。她喜欢聊天，在公司里上至总经理下至刚刚招来的小前台，米勒太太见了他们都能聊上几句。

作为一名清洁工，米勒太太的本职收入并不高，但现在她的其他收入已经高过工资好几倍。米勒太太利用自己人头熟的特点，打听公司里谁需要找钟点工、谁需要租房子，然后就当起了中介，收取中介费。米勒太太还把自己家的一套小公寓租给了公司里从日本来的工程师，星期天的时候，米勒太太会去那里做些简单的打扫工作，顺便教工程师学习英语口语。这些都是按小时收费的。此外，米勒太太借清洁工这个平台延伸出的另一项业务就是卖保险。她深知公司每一位员工的需求，因此总会有合适的险种推荐给他们。公司的一个同事就跟她买了好几万元的保险。米勒太太虽然仅仅是一名清洁工，但是她整合资源的能力一流，她能够非常敏锐地发现利润的来源、寻找适当的客户、选择合理的沟通方法及适时地转变经营项目。

我们往往有一个误区，以为在现代社会有所成就，都要以足够的物质资源为基础。事实上，"思路决定财富"并不是一句空话，只要头脑灵活、感觉敏锐，就可以影响财富的流向。

创新思维

当我们进入市场经济、知识经济时代的时候，富人致富，靠的是他们的头脑。普通人与成功人士，首先是脑袋的差距，然后才是口袋的差距。

很多人做事倾向于用他们的手，用他们的脚，用他们学过的专业技术，唯独不用他们的大脑。因为不善于思考，所以就不能做出改变，就踏不上成功的台阶。

思维是一切竞争的核心，因为它不仅会催生出创意，指导实践，更会在根本上决定成功与否。它意味着改变外界事物的原动力。如果你希望改变自己的状况，获得进步，那么首先要从改变思维开始。

认识到创意思考的巨大能量之后，我们有必要立即行动起来，寻求能为自己带来成功的契机。这并不是障碍重重、难以下手的事儿。据心理学家验证，如果一个人对某件事念念不忘，那么他无论看到什么、听到什么，都会与这件事联系起来，然后他很快会摸清事情的来龙去脉，找到解决问题的突破口。同样，假如你对金钱保持热望，自己的一切生活积累都在为将来如何赚钱做准备，把自己日常接触到的信息和当前的赚钱事业挂钩，那么成功最终将确凿无疑地属于你。

第05章
奇思妙想，帮你打开人生的幸运之门

循规蹈矩的头脑里没有创造力

思维改变命运的最高境界，是在自己的力量还十分弱小的情况下，发现机会，整合资源，完成从无到有的蜕变。美国大富豪洛克菲勒曾经说过："即使把我的衣服脱光，再把我放到没有人烟的沙漠中，只要有一个商队经过，我就又会变成百万富翁。"是的，富人最令人惊叹的素质，就是他们无比机敏的商业嗅觉。

阿里巴巴的创始人马云，是中国最具影响力的商界领袖之一。马云注重创新，他的创新是以现实作为腾飞的基础和最后的落点的。他曾经说过："做生意不能凭关系，做生意不能凭小聪明，做生意最重要的是你明白客户需要什么，实实在在创造价值，坚持下去。"

20世纪90年代，马云曾经办过一家翻译社。对于这个计划的可行性，他是这么考虑的：当时杭州有很多的外贸公司，需要大量专职或兼职的外语翻译人才，而那边却还没有一家专业的翻译机构，这是社会普遍的需求。从自身的方面说，他自己这方面的订单也很多，实在忙不过来。思路理顺了，行动马上开始，马云的海博翻译社就这么办起来了。

现在，海博翻译社已经成为杭州最大的专业翻译机构。虽然不能跟如今的阿里巴巴相提并论，但是海博翻译社在马云的创业经历中也是浓墨重彩的一笔。

有人的地方就有需求，有需求就有生意，潮流一浪接一浪，市场是可以永远做下去的。作为后来者，我们不怕入行晚、起点低，只要切入点正确，这些问题都不是问题。实力是什么？有人以为实力就是钱，这句话不确切。实力是指一切有利于自己的因素，如资金、人才、环境等，而能否成功就取决于我们怎样利用自己所有的实力与对手抗衡。

有创新意识的人，常被人称为思想的先行者。在创造财富的领域里，我们同样需要新的创意，但这里面有个前提：不管什么样的创新思想，都要为最终的结果服务。换句话说，能够为你带来财富的思路，才是最好的思路，否则，充其量只是一场精巧的思维游戏罢了。所以，创新不必好高骛远，善于从生活中发现问题，从而寻找创造的契机，才是重要的。顺应时代需求的创新无疑意味着成功。今天的发展得益于昨日的创新，而今天的创新必将推动明天的发展。

每一种文化、行业和机构都有自己看世界的方式。新的观念、好的主意常常来自冲破习惯的思想疆界，把目光投向新的领域的过程中。世间万事万物都是相互联系的，人们掌握的知识也是多门类多学科的。因此，面对一个思维对象，不能更不必局限于传统习惯，死守一个点。

人不但要养成思考的好习惯，同时还要扩展思考的范围，开阔思路，扩展思维，这样才会更好地、更大限度地获取有益的信息。循规蹈矩的头脑里没有"杂草"，但循规蹈矩的头脑里也没有创造力。你想要有创造力，就必须照料好每一株"杂草"，把它们当作一株株有经济价值的新作物。

创新思维

一个人的思路决定了他能走多远

有人认为在知识经济时代，只有高学历、高智商或身怀某种特殊技能的人才能获得成功。这种说法当然是有道理的，但同时又有些片面。诚然，以上条件是促使其成功的重要因素，但起关键作用的还是人的思路。

蒙牛集团的创始人牛根生曾经这样说："根据我的切身体会，做市场，缺钱不要紧，但是不能缺思路。"可见，成功的首要因素就是要有一个人生发展的正确思路。新思路带来新方法，新方法带来新机遇，新机遇带来新成果。成功就这样一次次和有新思维的人不期而遇。

思路的外延很广，其中有一种有趣又有效的思维博弈值得我们关注，那就是熟悉人性、把握人心，在复杂的形势中轻松获取自己想得到的东西。

苏秦是战国时期的纵横家，出于鬼谷子门下。在当时的战国七雄中，秦国的实力最为强盛，齐、楚、燕、赵、韩、魏六国，都不是秦国的对手。从当时的列国关系来看，存在着两种趋势：或是以秦为核心，对六国各个击破，这叫连横；或是六国联合起来，共同对付秦国，这叫合纵。纵横家的活动，就是游说各国君主，推行连横或合纵的政治主张。

苏秦刚走上政治舞台时，秦国的势力如日中天，于是他先到秦国搞连横，要促成秦国完成统一大业。他对秦惠文王说："以秦士民之众，兵法之教，可以吞天下，称帝而治。"无奈秦惠文王相信自己的绝对实力，对这帮游说之士不感兴趣，使苏秦在秦国无法立足。

苏秦回去后闭门读书，苦思天下大势，然后又出山到六国搞合纵。他劝楚威王与赵、魏等国联合起来抗秦时，楚威王正因受秦国使者的威胁而发愁，听了苏秦的话，十分高兴地说："非常感谢你的妙计，我正为这件事'卧不安席，食不甘味'呢，现在就按你的计策去做。"其他几国，也面临同样问题，这次苏秦的游说活动十分成功。他成为纵约长，配六国相印，在历史上风光一时，也留名后世。

苏秦在秦国碰壁，是因为他对秦国的政治状况尤其是秦惠文王的心思都没摸透就贸然前行。这就好比我们现在的招聘大会，用人单位要列出招聘对象的条件，应聘者要了解对方单位的性质、业务范围等，一切清楚明了，聘用成功率才会提高。

创新思维

宋代诗人陆游有一句诗:"山重水复疑无路,柳暗花明又一村。"只要我们不拒绝变化,并且善于运用变通的思维方式,不断改变自己的观念,我们就能抓住机会,走出困境,进入新的天地。在我们面临的所有问题中,只有人是问题的主体,我们要求变,就要抓住人心的变化轨迹,这个结打开了,一切困扰也就解决了。

艾丽一家移民澳大利亚后,开了一家西餐店,每逢学校放假,艾丽就在自己家的店里打工,她觉得这是一种很好的锻炼。

艾丽家的生意不太红火,也就是维持小店运转而已。这时候,父亲想了一个好主意,他们隆重推出了一种超级大汉堡。这种汉堡里夹着大块的牛肉饼和各种新鲜蔬菜,还有奶酪和沙拉酱,味道可口,而且富有营养;尤其诱人的是,价格十分实惠。根据估算,这种汉堡的售价最多只能保住成本,没有办法盈利,而对于工薪阶层的顾客来说,买一个这样的汉堡就可当作一餐饭,非常划算。所以汉堡一推出,就大受欢迎。

一天晚上休息的时候,艾丽问父亲:"我们的汉堡并不能赚钱,为什么要这样做呢?"父亲微笑着说:"我们开店,人气最重要,有了人气,还发愁不赚钱吗?我们的汉堡不赚钱,但慕名来吃的人,还要吃点薯条、喝点饮料,或买点别的什么吧？那就肯定有钱赚了。即使这次不买别的，下次也会买。"

果然，艾丽家的小店一天天兴旺起来。

这种不赚钱的经营方法，其实大有文章。当顾客被这种物超所值的汉堡吸引来时，其实就已经落入商家的"圈套"。不过他们的消费是自愿消费、快乐消费，可以说和商家达到了共赢。天时不如地利，地利不如人和，有了人气，还愁财源不滚滚而来吗？给别人留空间，等于给自己留空间。

想挣钱和发财是每个人的本能愿望，可是许多人的挣钱方法太落后了。"金钱第一"的人因被钱迷住，而忘了这样的道理：不播种生长钱的种子，钱是不会自动长出来的。如果你的工作超过别人所希望或要求的，渐渐就会有人留意，并自觉自愿地给你支持，给你带来更多发挥才能的机会。

在现实生活中，一个人的思路往往决定了他会向哪个方向走，以及能走多远。如果缺乏好的思路，即使他再聪明、再有抱负，也会和成功失之交臂。拥有了好的思路，就能够在迷雾中看清目标，在众多资源中发现自己的独特优势。好的思路，会使人生旅途充满亮光，每一种好的思维方式，都是生命历程中一盏明亮的灯，引导你正确地走向成功的彼岸。

创新思维

成功对有勇无谋的莽汉不会有兴趣

那些赤手空拳打天下,并最终确立了自己地位的人,大都是一些敢作敢为的冒险者。胆量是成功的条件之一,但在创立事业的过程中,仅仅是胆子大还远远不够。和"胆量"相匹配的是"见识",也就是说要建功立业,不但在于"看准了就去做",更重要的是"看得准"。这就包括要看准潮流形势,看准事物的发展方向。真正具备成功素质的人,从来都相信命运靠自己掌握,他们敢冒风险,但他们同时也时刻在研究可能出现的后果。他们做他们所能做的一切,以提高获取回报的可能性。他们认真准备、制订计划,以获取成功。

大富翁詹姆斯年轻的时候尝试过很多行业,他一直在寻找让自己腾飞的机会。终于有一天,他以便宜价格购得一个矿区,这是一个富矿,每天可以产出数千桶的原油,詹姆斯很快进入富人的行列。

詹姆斯的运气让人嫉妒,周围的人都说:"这是个幸运的

第05章
奇思妙想，帮你打开人生的幸运之门

家伙！"詹姆斯是幸运儿，但是他的运气却不是凭空掉下来的。实际上，石油的钻探成功率很低，钻1000口井，其中有石油的大约只有200口，而钻出的石油能够卖出获利的只有5口，整个算下来只有0.5%的概率。当时大多数的钻油者都抱着一种投机的心态，期待着那张金光灿灿的大馅儿饼恰巧砸在自己身上。而詹姆斯不但创业有灵感，也在努力学习地质知识，更认真地听取专家的意见，尽量从各方面收集资料选定矿区。从这个角度看，詹姆斯是有资格成为富人的。

财富绝对不会对懦弱者微笑，同样，对有勇无谋的莽汉也不会有兴趣。幸运从来都掌握在自己手里，知难而进，把劣势经营成优势，以优势带动另一种优势的运筹思想，就是一幅现代商业社会的寻宝图。那些有做大生意潜质的人，头脑里四个重要问题的答案必须是非常明晰的：我现在的位置在何处？我下一步的发展规划是什么？我将如何做到这一点？我何时做到这一点？有了明确的商业计划，在经营的过程中，才可以避免那种被客观环境、外部影响牵着鼻子走的盲目性。

赚钱是大胆决策和用心经营的必然结果，绝非误打误撞的"大运"。他们大胆果断的"冒险"背后，是深谋远虑的筹划与安排。

当年金庸办《明报》，许多人都为他担忧，甚至有些人等

创新思维

着看他笑话。其实在金庸先生自己看来,这背后也是有谋略支撑的。写小说的稿费,可以作为办报的启动资金;此前他为别的报纸写的国际政治述评和武侠小说连载很受欢迎,为刺激报纸销量,也尽可以转在《明报》上发表。另外,针对香港市民的爱好,《明报》专门开辟了娱乐版面,相信可以吸引一大批读者。有了这样细致的前期准备,放心大胆地向自己的新目标迈进当然是没有问题的。人生需要谋划,事业需要谋划,生活中的方方面面都需要谋划。可以说,不会谋划的人,不会有成功的人生。只有采用独树一帜的策略,才能建立独掌乾坤的伟业。

第 06 章

重启思维,跳出思维定式是走向成功的关键一步

第06章
重启思维，跳出思维定式是走向成功的关键一步

无数伟大的发明和发现，都是从打破思维常规开始的

生活中，人们无形之中养成了很多习惯，如饭前洗手、晨起洗脸刷牙、睡前洗个热水澡、在公众场合排队等。有些习惯是好习惯，也有很多并非对生活有益。例如，有些人习惯了喝酒，习惯了抽烟，习惯了对他人颐指气使，习惯了不讲礼貌。这些非但对我们自身没有任何好处，也会影响他人的生活，给他人带来不好的体验和感受，甚至还会导致人际关系恶化。对于这些坏习惯，当然是要积极改掉的，这样才能避免对自身和他人造成伤害。

其实，人们不仅行为上会养成习惯，思维上也会养成习惯。思维上的习惯，指的是思维墨守成规，因循守旧，无法突破固有的思维模式，导致思维定式。思维定式当然也有一定的好处，它能够使人们在遇到问题的时候及时应变。但是如果遇到新的问题，却不能因时而动，依然以老的思维模式来处理问题，就会导致故步自封，也会使人们无法推陈出新，想出新的

办法解决问题。

众所周知，现代社会随时随地处于变化之中，每时每刻都在进步。假如一个人跟不上时代潮流的步伐，所谓逆水行舟不进则退，就会处于退步之中。人人都有惰性，我们一定要克服"懒惰"的心理，不要因为害怕麻烦而不敢创新，或者畏惧改变。也许，今时今日的改变，就是为了明时明日的进步。只有大胆地往前走，我们才能得到梦寐以求的进步。

很久以前，一位思想家和一位工程师一起去埃及旅游。他们结伴来到举世闻名的金字塔，准备一起登塔参观。在金字塔的脚下，工程师突然听到有人叫卖"猫"，不由觉得好奇，因而离开思想家，循声找去。果然，有个老妇人在卖一只黑色的玩具猫，要价800美元。看到工程师对猫很感兴趣，老妇人赶紧说："这只猫是祖传的宝贝，只因为孩子身患重病，无钱医治，所以才忍痛出售。"工程师看到这只玩具猫通体漆黑，拿在手里沉甸甸的，便以为是铸铁的。不想，当看到猫的眼睛时，他却发现猫眼熠熠闪光，猜测一定是珍珠。为此，他问老妇人："我付出五百美元，买下这两只猫眼，如何？"老妇人等钱救命，心急如焚，只好同意了。

工程师兴冲冲地拿着猫眼回到思想家身边，说："看看，我花五百美元就买到了这对珍珠，如何？"思想家认真观察这对珍珠，发现果然是稀世珍品，价格应该在两千万美元左右。为此，思想家赶紧问工程师："那个卖猫的老妇人可还在？"工程师漫不经心地说："也许还在卖猫吧，只不过是没有眼睛的猫。假如我是你，我可不会去买猫，铸铁的买来有什么意思呢？"思想家问清楚地点，马上冲了出去，不出半个小时，他就抱着那只黑漆漆的没有眼珠的猫回来了。工程师哈哈大笑，问："你花多少钱买来了这个废物？"思想家头也不抬地说："三百美元！"他一边说，一边用不知道从哪里找来的刀子刮黑猫身上的黑漆。等到露出黑猫的真面目，工程师不由得惊呆了，原来这只猫居然是纯金铸造的，他追悔莫及。这次，轮到思想家得意洋洋地说："一只拥有珍珠眼睛的猫，怎么可能是铸铁的呢？"

猫的主人因为思维定式，从未想过为何祖宗要把这样一只平平无奇的黑猫作为传家宝，世代流传下来。即使在变卖之前，她也不曾想对黑猫的本来面目一探究竟。工程师呢，只知道人的眼珠是最珍贵的，因而想到这只黑猫有一对价值不菲的眼睛，却没有想到一只不值钱的猫如何能够配得上这样一双眼睛！只有思想家具有大局观念和全局意识，想到黑猫必然与众不同，因而狂奔出去以三百美元的价格，买下来了一只纯金铸造的沉甸甸的猫。

人类的历史长河中，无数伟大的发明和发现，都是从打破思维常规开始的。任何情况下，我们只有突破思维的僵局，才能从中发现新的闪光点，也才能照亮自己的思想之路，让自己的人生也因此变得熠熠闪光。

推开影响创新思考的阻碍

一个人如果形成了某种思维定式，就好像在头脑中筑起了一条思考某一类问题的惯性轨道。有了它，在思考同类或相似问题的时候，思考活动就会凭着惯性在轨道上自然而然地往下滑。思维定式是阻碍人前进的一条铁链，它使人的思维进入无法突破的死胡同。

要摆脱和突破思维定式的束缚，往往需要付出极大的努力。无论是在创新思考的开始，还是在其他某个环节上，当我们的创新思考活动遇到障碍、陷入某种困境、难以继续下去的时候，一般都有必要认真检查一下：我们的头脑中是否有某种思维定式在起束缚作用？我们是否被某种思维定式捆住了手脚？

有一个小故事，很能说明问题。

有一个边防缉私警官，他经常会看到一个人推着一辆驮着大捆稻草的自行车，通过他的边防站。

创新思维

　　警察的直觉告诉他,这个人肯定有问题。于是,警官每次都会命令那人卸下稻草,解开绳子,并亲自用手拨开稻草仔细检查。尽管警官一直期待着能发现些什么,却从未找到任何可疑之物。

　　这天傍晚,警官像往常一样仔细检查完稻草,然后神色凝重地对那人说:"我们打了好多次交道,我知道你在干走私的营生。我年纪大了,明天就要退休了,今天是我最后一天上班,假如你跟我说出你走私的东西到底是什么,我向你保证绝不告诉任何人。"那人听了对警官低语道:"自行车。"

　　这位警官的思维就被禁锢在那一大捆引人注目的稻草上,而忽略了作为"运输工具"的自行车。任何复杂的现象,其复杂的表面之下都有一般性的规律,都可以找到简单的分析、处理方式。这就是化繁为简的过程,这个过程就是找寻规律,把握关键。

　　而我们发现,很多时候,我们在寻找解决问题的方法时,往往把问题考虑得过于复杂,其实事情的本质是很单纯的。表面看上去很复杂的事情,其实也是由若干简单因素组合而成。所以,我们要看到思维的力量,我们也应该锻炼自己的头脑,扩展自己的视野和思维。灵活的头脑和卓越的思维为我们提供了这种本领,深入地洞察每一个对象,就能在有限的空间成就一番可观的事业。

　　孙月刚参加工作的时候，家里长辈就叮嘱她做事要小心谨慎，不要像在学校里那么随意。孙月本身也不是个争强好胜的人，每天按时完成老板交代的工作，不违背自己的工作原则，总而言之，就是一个普普通通的小职员。小公司里人事简单，孙月在这里做得还挺开心的，不知不觉两年过去了，孙月虽然没有升职，但也变成一个有点资历的"老"员工。

　　一天老板交给孙月一项任务，做一份公司的年度规划。孙月知道，考验自己的时候到了。她就像往常一样趴在桌子上慢慢地想，慢慢地查资料，慢慢地规划，就这样不知不觉一个星期过去了，眼看离老板交代的时间越来越近，可她还是一点头绪都没有。这时候一位平日关系不错的男同事提醒她说："你可以换一种思维呀，不要老是局限在自己以前的固定模式里。像这样的规划，你必须到市场上调研，先了解现在业务的行情，然后根据现在的业务量、以前的业务量以及人们的平均消费水平进行综合评估，这样才可能圆满地完成任务呀！"孙月茅塞顿开，是啊，自己一直以来都是在电脑上、资料上研究问题、处理问题，却忘了现在任务不同，自己原来的固定模式已经不适应现在的情况。于是她亲自到市场上调研，然后结合以往的资料完满地完成了任务。

我们在处理事情的时候，经验的作用是不可小视的。这也就是说，你会用大脑资料库里储存的东西，给当前的事件定性，然后把以前解决问题的方法套用到这个事情上来。说起来很麻烦，其实在我们头脑里它只是一个下意识的选择，事情一出来，你会想："哦，这个我熟，如此这般，就可以搞定了。"

思维的定式当然也有它积极的一面，它可以帮助我们迅速解决问题，但是你如果陷到某种"定式"里出不来，它就成了束缚我们创造性的枷锁。

无论是思考如何解决碰到的新问题，还是对已熟悉的问题寻求新的解决方案，一般都需要在多途径地探索、尝试的基础上，先提出多种新的设想，最后再筛选出最佳方案。而基于反复思考一类问题所形成的"一定之规"，对这样的创新思考常常会起一种阻碍和束缚的作用。

持有这种心理状态说明你是一个对自己的能力缺乏自信的人，有极强的依赖性与惰性。如果能够转变一下思维方式，视野就会一下子打开。之后你就会觉得，方向更清晰，可做的事情也更多了。

开启新的视角，就会产生新的思路

遇到难以解决的问题时，聪明人可以把复杂问题简单化，不聪明的人会把简单的问题复杂化。事实上，解决复杂问题时能够化繁为简，就体现了一种新的视角；开启一个新视角，就会产生一条新思路。

在处理事情的过程中，没有绝对解决不了的难题。有的人之所以陷入僵局，只是因为按部就班，没有更换角度。在这个世界上，从来没有绝对的失败，有时只需稍微调整一下思路、转变一下视角，失败就有可能向成功转化。

谁都希望前进的道路畅通无阻，然而总有意想不到的事情干扰着我们的思维，打乱我们原有的计划。为了完成目标，为了成就梦想，我们给自己设定了一个又一个规划，朝着这样的前方百折不挠地走去。但是种种困难挡在我们面前的时候，计划实现不了，终究还是永远停留在计划的阶段。

这个世界上没有一成不变的事物，唯一不变的就是变化。聪明的人懂得适时而动，适时而变，"穷则变，变则

创新思维

通,通则久"。

古时候,有一位皇帝南巡,沿途州县得到消息,都会预先做好准备,如果在自己的境内出了什么差错,那将是谁都承担不起的大罪。

这时候沿江一个小县忽然天降暴雨,山体滑坡,山石泥土将县城外唯一的一条官道给堵住了。雨停了之后,县令赶紧组织人手清理道路。碎石杂物还好说,很快被清理出去了,但却有几块巨大的山石横在路上挡住了道路。石头太大了,人们围上去后找不到着力点,便很难把它们抬动。这时有人建议回县城取来绳索木杠做一个绞盘移动大石,但是这样要费很大周折,而南巡的车队很快就要过来了。

县令皱着眉头围着大石转了两圈儿,忽然眼前一亮,吩咐手下人在那些大石头周围挖个坑,然后把大石头推进去埋平。大伙儿赶紧依计施行,挖坑、埋石、运走泥土、压实路面,忙乱但却有序。

南巡的车队来了,只见这里道路畅通、路面平整,大队人马顺利地通过了。本地县令调度有方,得到了上司的嘉奖。

世事变幻无常,做事情不能因循守旧、墨守成规,而要灵活应对,根据事物的发展变化审时度势地做出果断的改变,这是成事的关键因素。

　　同一件事，同一个问题，从不同的角度看，就会产生不同的感觉和不同的想法。每个人都希望自己做事能有一个好的角度，从而把事情做得尽善尽美。这种好的角度当然是从思考而来。突破常规思维，从另外的角度进行思考，往往能够柳暗花明见新天。这样的事例在日常生活和工作中有很多，由于这种思维方式灵活多变，能出奇制胜，所以往往能取得意想不到的成功。对于一个本质相同的问题，用两种不同的角度去看，会得到截然相反的答案。所以，当我们做事时，不妨选择一个好的角度。有一个好的角度，我们做事就成功了一半。

　　在现实生活中，当人们解决问题时，时常会遇到瓶颈，这是由于人们的思维停留在同一角度造成的，如果能换一换视角，情况就会改观，就会有新的变化与可能。换个角度，就换了一种思路，就打破了自己的习惯思维和固有思维，这样，必然会有不一样的结局出现。

创新思维

转换思路，不断开拓出新的做事方法

从本质而言，人一出生就具有独立性和依赖性这双重个性，如果让依赖性占了主导地位，就容易重复一种因循守旧的生活模式：认为躲在人群里才是最安全的，拒绝结识新朋友；只穿样式普通的衣服，稍微体现一点个性就浑身不自在；每天按部就班地生活，拒绝听取不同的意见；死死守住自己牢骚满腹的工作，不敢也不喜欢做出变动。这些人不是没有改变的能力，而是没有改变的意识。

总爱随大流，这里面的思想基础其实很简单，对于自己的思维判断，他们没有充分的自信，觉得走的人多的才是阳关道。另外，身边的人多，无形中就提升了安全感，即使失败了，他们也会自我安慰说："没关系，反正也不是只有我一个人。"然而，他们从来没有考虑过，为什么要走这条路，还有没有其他更有价值的道路。

在漫长的人生路上，多数人就像在磨道里拉磨一样，永无休止地在这个环形道上走着，走完一圈再走下一圈，无休止地

第06章
重启思维，跳出思维定式是走向成功的关键一步

重复，无休止地走动，直到生命的最后一刻。也有一些聪明人，他们不甘于在这种环形路上重复走下去，他们另外开辟了一条路子。于是他们走出了圈外，看到了大千世界更多的别人没看到的事物，得到了别人没有得到的东西。相比之下，他们的见识超过了常人，他们的财富超过了常人，他们便成了成功者。这就是再找一条路子的好处。

从众心理的形成，常与一些不健康的心理因素相联系：从众可以不冒风险，对了皆大欢喜，错了大家都不丢面子；从众可以维持和谐局面，避免发生分歧、争吵和斗争；法不责众，即使是犯了极其严重的错误，人人都有份儿，可以不受到追究。这些不健康的心理因素，显然对创新思维是不利的，使我们错过了许多学习和创新的机会。

在你自己的生活中，当你提出某些有创造性的观点时，你要做好被否定和被怀疑的准备。但是如果你能坚持你的独创精神，那么，你就会发现你的坚持将得到回报，因为虽然创造性的代价可能会很高，但从众的做法所付出的代价会更高。虽然群众的眼睛是雪亮的，但一个人的长短优劣只有自己最清楚，最适合别人的路，不一定同样适合你。那些在某一领域取得了辉煌成就的人，从来都敢于在不同意见中做出决断。

长期以来，许多人习惯于传统的思维方式，喜欢"照葫芦画瓢"，看到别人怎么做就马上跟着怎么做，从来没有自己的

思维,从来不考虑要靠自己想出新的做事方法。这种人的事业是注定不会有很大的发展空间的。因为思维是改变自我的内在基础,好方法是解决问题的必要工具。只有运用头脑,积极思考,转换思路,不断开拓出新的做事方法,你才能够在社会中发现、创造更多的机会,实现自己的目标,改变自己的生活。

对创新最大的威胁是内心的犹豫

我们行路的时候，如果眼前总是又宽又直的大道当然是令人愉快的，然而实际上我们常常会遇到那种让人看不清前路的大转弯，或者是不知道通往哪里的岔道。这就是考验我们思维能力、判断能力的时候了，通过了考验，才能到达你所向往的坦途。

创造性潜能的发挥存在着诸多障碍。虽然我们每个人都有创造性的无限潜能，但"现实"的力量在扼杀我们的想象力。事实上，对你的创新能力最大的威胁你内心的犹豫和怀疑，"糟了，这事儿我完全没有办法处理"，类似于此类的念头使我们对自己创造性思考的能力产生怀疑，这种缺乏自信的态度会阻碍我们提出新的创意。而好的思维，会使人生旅途充满希望，每一种好的思维方式，都是一场奇迹的开端。

广州的富商陶老板是做百货生意的，他从路边的小摊干起，逐渐经营起自己的超市，如今已拥有10多家连锁店。事业

创新思维

一大，手下人等难免鱼龙混杂，加上陶老板一直讲究情面，制度上并不太严密，就有一些超市的经理暗中耍花样，有很大一部分利润都流进了他们的私人腰包。

这几年陶老板年龄大了，就有了退休的打算，这时候儿子也已经锻炼出来了，陶老板就打算以后让儿子主持大局，自己退居幕后，养花钓鱼。盘账时才发现，超市的漏洞太多了。这个烂摊子是一定要整顿的，否则传到儿子手中，将更加不可收拾。但是如果十几家超市一起查，人手就成问题。而且不光是查账，还要查架子上的货，不是外行做得了的。眼看事情就要搁浅，陶老板愁得白发都多了几根。这时他儿子想出了一个绝佳的主意。他帮父亲分析道："查账的风声一起，弄得人心惶惶，反而容易出乱子。查出毛病来不必说，如果什么也没查出来，人家心里就会不舒服，以后肯定影响工作。不如干脆来个大换位，十几个经理通通调动，调动要办移交，接手的有责任，自然不敢马虎，这一来账目、货物的虚实，就都盘查清楚了。"陶老板拍案叫绝，于是就以儿子新老总上任的名义，将连锁超市来了个通盘大调换，不动声色地达到了查账的目的。

巧妙的思维方式，有拨开云雾见日光的功效，想通了，前面的路也就走得顺利了。

随着社会的不断发展，现成的机会恐怕越来越少，不管你身在哪行哪业，要想有所成就，更多是要依靠认识的更新、头脑的创意。我们只要更新观念，摆脱内心的犹豫和怀疑，就能够想到别人想不到的主意，最终获得成功。生活、工作的各个方面都可以迸发出创造的火花。思维的力量是没有上限的。

> 创新思维

人们总是习惯用老方法解决问题

人是有思维定式的，对于很多常见的问题，人们总是懒于思考，而习惯性地因循守旧，用此前验证过无数次的老方法去解决问题。当然，这么做是很稳妥的，毕竟前人无数的成功经验告诉我们这么做不会闯祸。但是这么做也是很枯燥乏味的，因为在时代飞速发展的今天，解决问题的方法就此停滞不前。不管是对于个人而言，还是对于企业而言，甚至是对于民族或者整个国家而言，这样的墨守成规、因循守旧，都是致命的。

公元前323年的冬天，亚历山大大帝率领大军，来到了遥远的亚细亚。当时，他首先来到弗吉尼亚城，并且去看了那个著名的绳结。

弗吉尼亚城位于亚细亚，城里流传着一个著名的预言。原来，早在几百年前，歌迪亚斯王就曾经在牛车上系了一个结构巧妙、特别复杂的绳结，而且他曾经昭告天下，说能够解开这个绳结者，将会成为亚细亚的统治者。从那以后，就有很多人特地不远千里、不远万里地赶来弗吉尼亚城，瞻仰歌迪亚斯王的绳结。但是不管他们多么认真细致，都无法找到绳结的头，就更别提解开绳结了。而更多人只是为了满足自己的好奇心来到这里，对于亲手解开绳结根本不抱任何希望。和大多数人一样，亚历山大对这个著名预言也心怀好奇，因而特别派人带着他去观瞻绳结。亚历山大对着绳结凝视良久，也同样找不到绳头，心中油然而生对歌迪亚斯王的敬佩之情。然而他又转念一想，既然不能解开绳结，为什么不能用利剑将其劈开呢！歌迪亚斯王可没有规定解开绳结的方式啊！想到这里，亚历山大毫不犹豫地拔剑出鞘，对准绳结稳准狠地一剑下去，绳结应声而开。就这样，这个几百年来困扰了无数人的神秘之结，被打开了。

面对着几百年来无人能解开的绳结，亚历山大只拔剑出鞘，手起剑落，就轻而易举地解开了绳结。其实并非亚历山大多么聪明睿智，而是他改变了思维方式，换了个角度思考问题，最终也出奇制胜，就这样破解了歌迪亚斯王的巧妙用心。

不得不承认，思维具有很大的惯性。通常情况下，一旦人们习惯了某种思维方式，就很难打破僵局，彻底改变。然而，时代却要求我们创新，我们唯有突破思维的局限，让思维变得开阔，才能引领自身不断奋进，朝着更高的境界迈进。正如一位名人所说的，人最大的敌人就是自己，当我们突破自身的局限和桎梏，就会觉得豁然开朗。朋友们，从现在就开始加倍努力吧，不要让自己的心禁锢于囚笼之中，更不要让自己的人生因此而局促不安！

第 07 章

勤于思考,锻炼自己的思维能力

第07章
勤于思考，锻炼自己的思维能力

敢想敢做，时常锻炼自己的思维能力

我们发现，古今中外，任何一个成功者，都具有一些共同的特质：他们积极主动，富有创造力。同样，任何一个人，无论现在处于什么样的境况，也都渴望在未来能够获得成功。那么，他就需要重视思维的力量。一个人有没有创造性是他的思维方式所决定的，创造性思维是创造力的核心，是人类智慧的体现，不寻常的思维会导向不寻常的成功。一个人要想在社会竞争中脱颖而出、担当大任，就必须会灵活变通，必须学会创新。创造性思维通常包括逆向思维、发散思维、抽象思维，其实思维的实质是一致的，只是换了不同的角度和方向。

松下幸之助曾经说过："今日的世界，并不是武力统治，而是创新支配。"只要能跳出传统守旧的观念，将自己的思想方式巧妙地变一变，往往就会产生意想不到的效果。还记得那个引起诸多争议的人物拿破仑吗？他可谓是当时欧洲政坛最没"规矩"的人物了。

创新思维

在法国政坛，拿破仑是个没有贵族血统、没有背景的无名小卒。他没有规矩，但运气很好，娶了一个有钱的寡妇，挤进了法国的上流社会。

在指挥战斗上，他同样没有规矩，别人先放枪再用炮攻，而他却完全相反，他先用大炮一阵狂轰，然后再让骑兵冲上去一顿乱砍。

在用人上，他更是没有规矩，在他任用的26位元帅中，有24位出身平民。

他甚至连加冕都没有规矩：别的皇帝都是跪下等教皇把王冠给自己戴上，他竟然是站起来抓过王冠，自己给自己戴上的！

当时法国贵族们怒斥：拿破仑这个土匪是世界上最没有规矩的人！但他成了蜚声于世的拿破仑，成为一代代军事迷追逐的神话。规矩是一种标准、法则和习惯，合乎标准和常理的人总是规矩最忠实的践行者，但他们终生踏着别人的脚印走路，毫无创意可言。

其实每个人都有自己的创新意识，有的时候只是处于隐蔽状态，未曾开发出来而已。因此，新时代的年轻人们，只要你敢于突破常规、敢想敢干，一样能够突破自我。而这就需要你训练出良好的思维能力。

第07章 勤于思考，锻炼自己的思维能力

而良好的思维水平的标志是：

（1）思考问题从多方面考虑。

（2）思考时，看到事物间的内部联系。

（3）善于独立思考，不人云亦云。

（4）思考速度快。

（5）思考方法独特。

要提高自己的思维水平，你需要在生活和工作中时时注意锻炼自己的思维能力。

创新思维

灵活变通，不要走进思维的死胡同

当思维走进了死胡同，那就需要进行思维变通，在很多时候，意想不到的思维变通会给我们带来很多惊喜，而这是正能量的开始。在漫漫人生长路上，许多人利用思维的变化找到了成功的机会。相比之下，那些不善于变通的人，纵有一身过硬的本领，也会因为不懂得因时因地变通，而无法捕捉和把握稍纵即逝的机会，从而无法成功。甚至有的时候，机会向他迎面走来，他也会视而不见，让成功与自己擦肩而过。

生活中最大的成就是不断地自我改造，以使自己悟出生活之道。的确，在很多情况下，外物是无法改变的，我们能改变的就是我们的思想。遇到困难和变化时，让思维尽显其灵活和多变的本质，往往能得到更好的解决问题的方法。

柯特大饭店是美国加州的一家老牌饭店。饭店老板准备改建一个新式的电梯。他重金请来全国一流的建筑师和工程师，请他们一起商讨，该如何进行改建。

建筑师和工程师的经验都很丰富,他们讨论的结论是:饭店必须新换一台大电梯。为了安装好新电梯,饭店必须停止营业半年时间。"除了关闭饭店半年就没有别的办法了吗?"老板的眉头皱得很紧,"要知道,这样会造成很大的经济损失……"

"必须得这样,不可能有别的方案。"建筑师和工程师坚持说。就在这时候,饭店里的清洁工刚好在附近拖地,听到了他们的谈话,他马上停止了工作,直起腰,望望忧心忡忡、神色犹豫的老板和那两位一脸自信的专家,开口说:"如果换成我,你们知道我会怎么安装这个电梯吗?"

工程师瞟了他一眼,不屑地说:"你能怎么做?""我会直接在饭店外面装上电梯。""多么好的方法啊!"工程师和建筑师听了,顿时诧异得说不出话来。很快,这家饭店就在屋外装设了一部新电梯,而这就是建筑史上的第一部观光电梯。

在人们的传统思维中,电梯只能安装在室内,却想不到电梯也可以安装在室外。像这样墨守成规、循规蹈矩的人比比皆是。问题不在于他们的技术高低、学识多寡,而在于他们突破不了常规的思维方式。工程师和建筑师被专业常识束缚住了,而清洁工的脑子里没有那么多条条框框,思路很开阔,所以才会想出令专家们大跌眼镜的妙招。

成功是怎么来的？当然是通过一切行之有效的方法。方法又从哪来呢？自然是来自出其不意的思维变通。当你在迷茫之中找不到任何办法的时候，不妨出去走一走，打开自己的思维，改变思维，说不定可以在某个角落找到恰当的方法。你可以采取以下两个做法：

1. 不被传统思维束缚

如果你需要改变思维，那首先需要把残留在脑海里的传统思维清理掉，这样才腾出地方进行思维变通。在现实生活中，那些墨守成规的人是无法想出好点子的，因为他的思维总是在原地打转，因此，我们要想进行思维变通，就不要被传统思维束缚住。

2. 力求最奇妙的思维

意想不到的思维往往是奇妙的，看似不可思议，却又合情合理。时任哈佛大学校长的查理斯·艾略特找到当时著名的史学家亨利·亚当斯，想聘请他出任中世纪历史的教授。起初，艾略特不管怎样苦苦劝说，亨利·亚当斯都没有任何表示，后来，亨利·亚当斯谦虚地说："校长先生，我真的一点儿都不懂中世纪的历史。"听到他的回答，艾略特校长则客气地说："如果你能够为我举荐出一位学者比你懂得更多，那我就聘请他。"结果亚当斯只好接受了聘请。

敢于质疑，使大脑处于朝气蓬勃的创新状态

人脑通常按照最简单的原则行事，它依赖早年形成的模式，置模式外的信息于不顾，所以人脑最易趋向于习惯。一个人的日常活动中，90%都是通过潜意识中已转化为程序的惯性来完成。也就是说，不用思考，便自动运作。这种自动运作的力量，会把人们拘禁于一个窄小的牢笼之中。只有敢于质疑，在质疑中寻求突破的人，才可能在自己的领域获得突出成就。

权威人士在各行各业中所起的巨大作用使人们对他们普遍怀着崇敬之情，一听说是某某方面的权威，便会肃然起敬，这是十分正常的。但如果这种崇敬演变成迷信，那不仅不正常，而且是十分有害的。因为当我们对权威产生迷信时，便会习惯性地信奉他们的观点，不假思索地以他们的是非为标准来考虑问题。这时，即使产生了一些创新的设想，我们往往也会由于违背了权威的定论或没有得到权威的认可而轻而易举地将其否定掉。

每个人的思想总会不自觉地受所处环境的制约，因而他的

创新思维

思想也不可避免地被局限在特定的、自以为合理的圈子中。学会思考，你将清晰地看到世界，并能够控制自己的生活，而不是被生活牵着鼻子走。

我们经常用生活中普通的规律去看待事情，这样，我们便故步自封、画地为牢。久而久之，便形成了惯性思维，倒在失败的经验中爬不起来，认为有些事自己永远都办不到，却完全忽视了许多内部和外界的条件已经改变，以致错过了一次又一次唾手可得的机会。因此，当我们发现自己被惯性思维锁住时，一定要当机立断，立即挣开它的捆绑。

据社会学家预测，未来的社会将变成一个复杂的、充满不确定性的高风险社会。今后的时代我们要想发展，必须树立不怕失败的信念，果断地做出决定，投身新的环境，去发挥全部才能。这种不怕失败，准备在万分紧迫的情况下发挥全部才能的态度，反而有可能防止更大的失败，并大大提高自己的才干。

只有曾经面对艰险的人，才会理解"安全"的真正含义。如果一个人具有开拓者的勇气，喜欢迎接新的挑战，在披荆斩棘的过程中，他将一点点地强大起来。

敢于质疑，能使大脑处于一种探索求知的主动进取状态，使大脑的思维处于朝气蓬勃的创新状态。在接受别人所谓的"板上钉钉"的道理时，要敢于提出相反的思路；要不怕提出

"愚蠢"的问题。记住：永远不要被权威人士吓倒。无论个人还是企业，只有勇敢地冲出思想的重围与禁锢，才能开创不寻常的事业。

创新思维

要重视思维能力的培养

我们发现，古今中外，所有的成功者都具有一些共同的特质：他们积极主动，富有创造力。而当今社会，一切竞争都可以归结为头脑的竞争，因为头脑催生出创意，创意催生出财富，因而头脑的竞争能从根本上决定成功与失败。因此，生活中的人们，如果你希望获得进步，希望在未来有一番成就，那么，从现在起你就要重视思维能力的培养。

有专家认为，现代社会充满竞争，而要想在竞争中脱颖而出，就必须要有创新意识和创新能力，只有创意才能开拓崭新的事业，创造出一番新天地，获取巨大的财富。日本麦当劳董事长藤田田说过一句名言："从今天起，强迫自己每天想一个创意，你将发现，到处都有赚钱的机会。"

生活中，你是否想到过，天天在饭桌上见到的猪肉，竟然有一个万亿规模的市场？在已经来临的消费升级时代，如何创新商业模式才能摸到市场脉搏？这看似很难，曾为北大高才生的陈生却做到了。

第07章 勤于思考，锻炼自己的思维能力

此前，北京大学毕业生陆步轩当屠夫的新闻曾一度传遍大江南北，并引发了人们关于此行为是否浪费人才的大讨论。如今，另一位北大才子陈生也悄悄进入养猪行业，并在不到两年的时间里在广州开设了近100家猪肉连锁店，营业额达到2个亿，被人称为广州"猪肉大王"。这回人们的关注点不再是北大生该不该卖猪肉，而是探究陈生在猪肉行业掀起的这场"变法革命"。

在赞叹陈生的成功之时，你也应该有所启发。如果我们细细揣摩一下他的操作，就会发现这看上去很冒险，似乎有些不可思议，但其实这些只是表面现象。就拿投资而言，其实在那些成功案例的背后，投资者发现了投资目标的潜在的巨大价值，而正是潜在的巨大价值才使他们敢于在看似危险的时候果断进入。

曾有这样一个故事：

出生在一个贫民窟的狄奥力·菲勒是世界著名企业家，他的成功经历不仅是坎坷的，也是传奇的。

小时候，他就已经学会利用动手能力来积累财富，并具备了一定的头脑和发掘商机的意识。比如，有一次，他把一辆从街上捡来的玩具汽车修好，让同学玩。然后向每人收0.5美元。一个星期之内，他赚回的钱足够买一辆新的玩具车。这件事对

创新思维

他触动很深。

成年后的菲勒依然敢想敢做。一次，一艘日本轮船在航行中遇到风暴，船上一吨丝绸被染料浸过，上等的丝绸变成没人要的废品，货主无奈，要把这些丝绸扔掉。菲勒得到这个消息，马上找到货主，表示愿意免费把这批废品处理掉，货主非常感激。得到这些丝绸，他就把它们做成了迷彩服装。这笔生意让他赚到十余万美元。

后来，菲勒又用10万美元买了一块地皮。一年后，新修建的环城路在那块地附近经过。一位开发商用2500万美元从他手中买走了那块地。

菲勒的思维是与众不同的，他有一双发现财富的慧眼，能够"在别人司空见惯的东西上发掘商机"，这是菲勒最可贵的创业资本，也是他成功的秘诀。不过这里，我们更佩服的是他的勇气，那就是敢想并敢做。一个人，即使有再多的想法，如果不付诸实践，那也是徒劳。

其实，每个人都有自己的创新意识，有的时候只是处于隐蔽状态，未曾开发出来而已。因此，只要你敢于突破常规、敢想敢干，一样能够突破自我。而这就需要你训练出良好的思维能力。

跳出思维的框框，学会开发自己的大脑

生活中，我们常听他人说"与时俱进"这一词，也就是说，我们在做人做事时，要懂得变通，不要一根筋，毕竟我们所生活的时代每天都在变化，守旧的思维模式只能让我们被时代抛弃。事实上，自古以来，人类之所以取得一次次进步就是因为能做到与时俱进，能做到思维的创新，可以说，人类如果故步自封，就只会停滞不前。

因此，在日常的工作和生活中，我们一定要摒弃直线思维，而要学会开发自己的大脑，运用想象力，跳出思维的框框，这样才能发现思维的另一个高度，才会得出异乎寻常的答案。

"牛仔大王"李维斯年轻的时候，带着梦想前往西部追赶淘金热潮。一日，他突然发现有一条大河挡住了他往西去的路。苦等数日，被阻隔的行人越来越多，河边怨声一片。而心情慢慢平静下来的李维斯突然有了一个绝妙的创业主意——摆渡。由于大家急着过河，所以没有人吝啬花钱坐他的船。就这

创新思维

样,他人生的第一笔财富居然因大河挡道而获得。

渐渐地,摆渡生意开始冷清起来。李维斯决定继续前往西部淘金。来西部淘金的人很多,却没有卖水的人,所以,水在这个地方成了最珍贵的东西。李维斯便卖水给淘金的人,不久他卖水的生意便红火起来。后来,同行的人已越来越多。终于有一天,在他旁边卖水的壮汉对他发出通牒:"小伙子,以后你别来卖水了,从明天早上开始,这儿卖水的生意归我了。"他以为那人是在开玩笑,第二天依然来了,没想到那家伙立即走上来,不由分说,便对他一顿暴打,最后还将他的水车也一起砸烂。李维斯不得不再次无奈地接受现实。然而当这家伙扬长而去时,他却立即又有了一个绝妙的好主意——把那些废弃的帐篷收集起来,洗干净后,缝制成衣服,那么一定会有人愿意买。就这样,他缝成了世界上第一条牛仔裤。从此,他一发不可收拾,最终成为举世闻名的"牛仔大王"。

聪明的人总是能做到不断变通,能根据当下情况的变化做出明智的决定,于是,他们能不断找到成功的机遇,即使在困境中也是如此,因为他们从不会因眼前的现状而停止思考。李维斯的成功就说明了思维的力量。

的确,这个世界上没有任何事是一成不变的,生命在不断向前,我们的生活也是如此。相信生活中的你曾经遇到过这样的情况：在解决一道难题时，你认为自己不可能找到答案了，但事实上，你只是没有找到出路而已。当你转换一种思维方式，你会发现，原来答案是那么简单。人的思维就是这样奇妙。有一句话说得好："横切苹果，你就能够看到美丽的星星。"

可能你会说："我就是个不聪明的人。"不要紧，从日常生活中开始改变自己就可以。你每天早晨一打开窗户，就会感受到一股新鲜的空气。于是，你感觉自己的身心是轻松的。接下来要做的事情就是，投入每天的工作或生活当中，好像这个世界上的事情永远做不完似的。而最重要的是，你可以每天让自己多想出一点新奇的想法，给生活增添一点新奇的意味。如果你这样去做了，那么，你就等于在努力突破自我，虽然现在还没有奇迹发生，但至少你和原来的你是不同的了。

因此，你若想让自己变得灵活机动起来，就需要从以下两个方面努力：

1. 转换思维，"出奇"就能"制胜"

的确，不寻常的方略引导不寻常的成功，你应该学会灵活变通。当大家都朝着一个固定的思维方向思考问题时，你不妨换个方向思索，这实际上就是以"出奇"去达到"制胜。"这种思维方式一旦运用到工作中，工作效率就会大大提高，甚至会为你带来不同寻常、出其不意的成功。

2. 坚持自己的原则，但不要墨守成规

每个正直、善良的人都有自己的处事原则，但这并不意味着我们要用同一种方式处理所有问题，灵活变通的要义就是根据实际情况而定。举个很简单的例子，如果你有未成年的孩子，可能你会告诉他们，独自在家的时候不要给陌生人开门；但如果隔壁着火了，那么，你还会希望孩子坚持不开门吗？当然不会。

总之，懂得灵活处理事情体现了我们的应变能力。跳出框框，灵活应变，你一定能冷静地处理生活和工作上的种种难题。

第07章
勤于思考，锻炼自己的思维能力

不断改善自己的思维方式和行为态度

我们任何人，无论做什么，都要有灵光的头脑，善于创造性思维，不能钻牛角尖。这条路走不通，不妨转换一下思维，尝试反过来思考，先找问题的本质。思维一变天地宽，勤思考，善于逆向、转向和多向思维的人，总能找出解决问题的方法，总能以最少的付出达到最满意的效果。

现实生活中有些人有一种荒谬的信念，认为只要有信心和智力就够了。其实，智力就像汽车的动力，而思维能力才是驾驶汽车的技术。有些人智商很高，但思维能力却很差；有些人智力平平，但是思维能力却很强。英国剑桥大学的德博诺教授说："一个人很聪明或智商很高，只是说明他有创造的潜力，并不说明他很会思考。"智力和思考的关系，就好比一辆汽车同司机驾驶技术的关系：你可能有一辆很好的汽车，但如果驾驶技术不好，就不能把车开好；相反，即使你开的是一辆旧车，但如果驾驶技术高超的话，照样能把车开得很好。请记住这样一句话："在信息时代，我们最需要的技能是学习如何思

> 创新思维

考、如何学习及如何创造。"

于思远在一家IT公司做销售已经有三年了,他的业绩可以排在中等稍稍偏上的位置,自我感觉工作做得还算不错。不料公司被业内另一家大公司收购,两处人员互有调动,也有一部分员工就此失业,而于思远也在裁员名单之内。这让他十分郁闷,不知道自己是哪里出了问题。

于思远不得不重新打起精神找工作。这时有自主创业的一位师兄正招兵买马,同学把于思远介绍到这里来。于思远很珍惜这次面试的机会,按照约定好的时间和师兄见面。师兄一边翻看他的简历一边问道:"哦,你一直在做销售工作,这些年大概碰到过多少总也说服不了的客户?"于思远正了正身子,自信地回答:"到目前为止,我还没遇到过说服不了的顾客。"本以为这是个加分问题,不料师兄却说:"哦,没有遇到过说服不了的客户,这一方面说明你基本工作做得还算合格,另一方面也说明你习惯在自己早已熟悉的模式下工作,只接触有把握的客户,缺乏开拓精神,不敢大胆地实施自己的计划,以至于一直到现在都没有什么让人骄傲的成就。"一席话点醒了于思远,是啊,自己的确有这样的心理,平时对工作没有自己的想法,只想平平稳稳不出差错就行。对于自己这种已经没有太多潜力的员工,新公司不太欢迎也在情理之中。

看到于思远低头不语，师兄笑了："思远，思远，你可不能辜负自己的名字，一定要深思远虑啊！"

最终，于思远还是得到了这份新工作。他决定从现在开始，以崭新的面貌投入工作之中。

很多人以平安、稳定为追求，他们只有在自己熟悉的环境中，面对自己熟悉的人群时才会心安，对于陌生的领域，从来都是战战兢兢，不敢轻易涉足。而那些具有成功潜质的人，则永远在不断地改善自己的思维方式和行为态度，他们总是希望更有活力，总是希望产生更大的行动力。是的，一个人如果总是裹足不前，那么即便他从来没有碰过壁，也不是什么值得自豪的事情。勇于开拓可能会遭遇失败，打破一个人的连胜纪录；但也会让人认识到自己的不足，从而一天天变得更为强大。可以说，一个人的成功经验和智慧是他在不断思考和尝试中积累的结果，这才是他一生真正的财富。

沈扬经营着一家小小的中介公司，主要是做房屋买卖租赁的生意。在工作中她发现很多顾客在雇用搬家公司进行搬家时，往往有很多不满意的地方，本地现有的搬家公司简单粗暴的经营理念，明显已经跟不上时代的需求。于是，沈扬有了组建一个全新的搬家公司的想法。她一面经营着自己的中介业务，一面筹集资金准备二次创业。

半年后，在沈扬中介公司的旁边，她的搬家服务中心成立了。她力求摆脱以往搬家公司僵化的套路，将为用户提供全面的综合性服务为目标，尽量多方面拓展业务。

沈扬的主要运输工具，是按她的思路改装的一辆大货车。驾驶室加装儿童安全座椅，方便有孩子的家庭。封闭式车厢的载重量是6吨，一般家庭的所有器物都能一次性运完。车厢一关自动上锁，既可靠，又安全，行人什么都看不见，这充分照顾到一般客户担心财物遗失和不愿让别人看到的心理。此外，沈扬考虑顾客在搬家时需要处理许多杂事，如装修房屋、清洁打扫、处理废旧物品，以及迁移户籍、更改水电供应等，她的搬家服务中心全都可以代办这些事项。

沈扬的思维，没有把搬家公司的概念仅限制在"运送"上，她的一条龙式服务深受客户欢迎，生意做得很是红火。

当经验在大脑里越积越多，甚至形成一种思维定式的时候，人就会习惯用自己的价值标准和思维模式来评判事物，这就叫作思想僵化。殊不知，时代总是向前发展。逆水行舟，不进则退，不创新、不革命，终将被淘汰。商家要想自己的商品永葆魅力，除了要不断提高商品本身的品质，还必须树立"服务创新"的意识，不断更新和完善自己的服务品牌。这种创新就是一种发展机遇，是将生意做大的动力源泉。

我们解决问题，不要急忙着手，而要认真分析，做好对问题的界定，这样你就会找到问题的根本，最后解决起来，就会少走弯路，提高效率。

第08章

自我改变，才是人生创新的开始

创新并不需要谁来指路，你就是自己的救世主

提到创新，我们首先想到的是一个新方法或一种新产品，但这还不是创新的全部。对于那些亟须完成从无到有、从贫穷到富足的突破的人来说，是否拥有注重创新的观念和勇于创新的个性至为关键。换言之，在创新的过程中，人，才是根本。

如果你毫无自信，优柔寡断，丧失远大志向，不敢超越环境和自我，那么你的生活就可能一直暗淡无光。生活中美好的事物历来只和敢于正视现实、迎接挑战、战胜危机的人结伴同行。如果一个人不想断送自己的一生，那么就应该有所作为，有所突破，在征服困难的同时证实自己。

李先生在一家台资企业做事。他的老板不但是个在多国拥有多家公司的大企业家，同时还是个教授，是学者型商人，既有很好的经济头脑，又有很高的学术成就。李先生就是冲着这一点，进了他的公司。由于李先生勤奋肯干，老板很快就

创新思维

提拔他做了部门经理，专管家具的销售。他也一直做得没什么差错。

有一次，公司进了一套家具，标价是20万元。可不知为什么，放了4个月都没有一个人问过价。好不容易有一天，一位顾客一进来就看中了这套家具，问了价格后，就一直想压低点，问李先生，18万元卖不卖。李先生也很想把这套家具出手，可是老板只给了他1万元的浮动权限，偏偏那位顾客也固执，说18万元不行就不买了。僵持了好久，李先生想打电话找老板请示一下，可老板去国外出差了，手机也关了，他不敢擅自做主，这笔生意就这样黄了。

过了两天，老板回来，李先生汇报了这件事。老板有些不悦，他说："你没看到现在这套家具已经很难脱手了？你应该知道我的心理，既然4个月没人问，就说明这套家具已经没有什么卖点了，应该越早脱手越好。别说18万元，就是17万元你也应该卖的，不然，下次连16万元恐怕都没人要了。"

李先生有些委屈地低着头，心想：我哪有那么大的胆子呀。看见他的样子，老板宽厚地笑笑，说："算了，先开车送我，我们一起去吃饭吧。"

他们上了车，李先生发动了车子。路上的车子很多，还有雾，走得有些慢。过了十几分钟，雾越来越大，路况都看不太清了。老板倒不着急，他问李先生："在这样的大雾天气开车，你怎样才能走得更安全？"李先生说："只要跟着前面车子的尾灯，就没什么事。"老板沉默了一会儿，突然问："如果你是头车，你该跟着谁的尾灯呢？"

李先生听了，心中沉思："是呀，如果自己是头车，又有谁会给自己指路？"

勤勤恳恳、埋头苦干的敬业精神很值得提倡，但必须注意效率，注意工作方法。有很多人表面上工作认真、兢兢业业，但忙忙碌碌一辈子也没干出多少成绩，这和他们缺乏必要的开拓精神和创新精神有直接的关系。

有人形象地将商场比作战场，商业活动就是商战。既是战场，那么形势肯定瞬息万变，谁也不能准确地预测下一步将要发生什么。所以最终的胜利，应该属于那些善于摆脱依赖性，努力实现自己独立性的人。

能根据当前的形势和环境迅速作出判断，决定自己下一步动作的人，已经算是拥有创新思想的一流人才。而真正具备致富潜力的人，往往能够未雨绸缪，时势未变自己先变，永立于不败之地。

保罗·高尔文是摩托罗拉公司的创始人和缔造者。高尔文成功后，常有人向他讨教成功的秘诀，每当这时，高尔文就总会讲起自己小时候卖爆米花的故事。

创新思维

高尔文出生在美国伊利诺伊州的一户平民家庭。十岁那年，高尔文在一个名叫哈佛的小镇上念书。哈佛镇当时是个铁路交叉点，火车一般都要停留在这儿加煤加水，于是，许多孩子便趁机到火车上卖爆米花，一个个获利颇丰。

高尔文感到在车站上卖爆米花是个不错的买卖，于是，上课之余，他也加入了卖爆米花的行列。为了争夺顾客，孩子们常常会爆发一些"战事"。但每当"战火"烧到高尔文身边时，他总是能很快与对方和解，他常常告诫对方："我们这样搞下去，谁也做不成生意了。"除了到火车上叫卖，高尔文还想了许多办法来增加销量。他搞了一个爆米花推车，把更多的爆米花推到火车站或马路上叫卖。他还往爆米花里掺入奶油和盐，使其味道更加可口、多样。

1910年，哈佛镇下了场大雪，几列满载乘客的火车被大雪封在了这里，高尔文就赶制了许多三明治拿到车上去卖。三明治做得并不太好，但饥饿的乘客们仍抢着购买。高尔文没有趁机敲竹杠。事后，高尔文一算账，惊喜地发现，公平的获利仍让他发了一笔小财。

夏天到来后，高尔文又搞了一种新产品。他设计了一个半月形的箱子，用吊带挎在肩上，在箱子中部的小空间里放上半加仑冰激凌，箱边上刻出一些小洞，正好堆放蛋卷，然后拿到火车上去卖。这种新鲜的蛋卷冰激凌很受欢迎，生意非常火爆。

在火车上做买卖很快成了一个热门生意，不但镇上的孩子们纷纷加入竞争行列，而且铁路沿线其他村镇的孩子也纷纷效仿。高尔文隐隐感到这种混乱局面不会维持太久，便在赚了一笔钱后果断退出了竞争。不出所料，不久之后，车站就贴出通告，禁止任何人在车站或火车上做买卖。

卖爆米花的经历，培养了保罗·高尔文对市场动态敏锐的把握能力，也成了他日后经营生涯中赖以制胜的法宝。在以后的岁月中，每当某些产品或销售进行不下去时，高尔文就会向他的同事们讲述这个"卖爆米花的故事"。

创新并不需要谁来指路，你就是自己的救世主。每一天都在变中求进，没有最好，只好更好，沿着这个台阶往上走，总有一天你会登顶。

富人求新求变的个性，是他们获取财富的必备武器之一。如果你还是穷人，如果你有志改变自己的生活状态，对"创新思维"一定要有个明确的认识。所谓创新，并不仅是设计出一件新产品或新的服务项目，发现一种经商的新窍门，或者更新一种传统方法，它还是指用一种不同的方法表达自己的思想，用一种新方式处理老问题，用自己的创造性和竞争力去获取财富。

创新思维

敢于将自己的新点子付诸实践

从古至今，不管是国家繁荣，民族兴旺，还是一个人的成功，无不与创新思维有着密不可分的关系。比如，第一个直立行走的人、第一个制造石斧的人、第一个发明指南针的人、第一个使用火的人、第一个发明蒸汽机的人、第一个发现美洲新大陆的人，这无数个第一，联合起来推动了历史的进步，把人类推向了新纪元。简单地说，创新就是创造革新，这与墨守成规和因循守旧相对立。一个人若是想成大事，首先就一定要在思维上达到这样的一种程度：用新思维突破常规观念，超越自己的过去，超越他人的思维能力。

爱迪生这一生的创造发明有2000多项，是世界至今发明创造最多的科学家之一。他为什么可以有如此多的发明创造？这与他的好奇、爱思考有着密切的关系。在他小时候，他看到母鸡孵小鸡也感到非常好奇，到处向别人请教这是什么原理。当他听到鸡蛋是以体温孵化的，他竟好奇地做了一次实验：在邻居的仓库里做了一个窝，在窝里放了几只鸡蛋，自己趴上去孵，孵了好长的一段时间，以至于成为远近皆知的一个大笑话。但笑话他的人做梦也不会想到，这种好奇的天性便是科学发明最重要的因素。

现实世界是如此纷繁复杂，不要因为某些事情天天发生就司空见惯，不要因为某些现象普遍存在就熟视无睹。让我们永远带着好奇的眼光去看事情，永远保持好奇的心理去对待社会，或许我们会从中找到成功的道路，创造人类的奇迹。

麦克·莱特是吉利卡片公司的老板，同时也是加拿大最年轻的企业家之一。在他6岁的时候，某次参观完博物馆之后，就开始打算，看自己可不可以画几幅画来卖钱。对此，他母亲建议他把画印在卡片上出售。

于是，莱特在母亲的陪伴下，挨家挨户去敲门，然后简单地说出自己的来意："嗨，我是麦克·莱特，我只是打扰一下，我画了一些卡片，请买几张好吗？这里有很多张，请挑选您喜欢的，随便给多少钱都行。"莱特的卡片是手工绘在粉红色、绿色或白色的纸上的，上面有一年四季的风景。他每周工作六七个小时，平均每张卖7毛钱，一小时可以卖25张。

过了一段时间，莱特就发现自己需要帮手。他马上找了

创新思维

10位员工，大都是小画家。他付给他们的费用是每张卡片2角5分。后来他把业务扩展到了邮购，因此越来越忙碌。第一年做生意，莱特就成了媒体上的名人，后来他上过很多著名的新闻媒体，他的名字基本上是家喻户晓。

通常我们所说的创造力，就是想出新的方法、点子来处理我们所面对的问题的能力。不过，创造力和创造性思维，在过去总被认为只有从事科学、艺术等专业工作的人才具有。确实，科学、艺术等工作是十分需要创造力的，不过创造性思维不限于某种特定工作范围，也不仅是从事某种特定的工作的人才具有的。

哈姆威原来是一名糕点小贩，1904年在美国路易斯安那州举行的世界博览会期间，他被允许在会场外面出售甜脆薄饼。当时，在他旁边的是一位卖冰激凌的小贩。夏日炎炎，冰激凌卖得很快，不一会儿盛冰激凌的小碟便不够用。忙乱之际，哈姆威把自己的薄饼卷成锥形，来当作小碟使用。结果冷的冰激凌和热的薄饼巧妙地结合在一起，受到了出乎意料的欢迎，被誉为"世界博览会的真正明星"，获得了前所未有的成功。这种产品就是今天的蛋卷冰激凌。

第08章 自我改变，才是人生创新的开始

聪明的人，你是否也有别具创新的好点子呢？假如真的是这样，那还等什么呢？就好像上面这个案例，好点子从来不介意主人的年龄、性别、职业，也不在乎主人怎样运用它。只要我们敢于将自己的新点子付诸实践，那它就一定会变成现实。要找到点子、付诸实践，我们就需要做到：

1. 保持好奇心

爱因斯坦曾说："我没有特殊的天赋，我只有强烈的好奇心。"同时他还告诉别人说："谁要是体验不到好奇心，谁要是不再有好奇心，那么他的眼睛是模糊不清的。"可以这样说，好奇心就好像是探照灯的光柱，它永远有探索的光芒投向成功的目标。对那些梦想成功的人而言，永不满足的好奇心可以引导他们去不断追求新的目标。当然，只有那些具有强烈的好奇心与求知欲的人，才是真正具有独立性和自主精神的人。

2. 敢于突破自己

我们每个人都曾经怀揣梦想，然而，这些伟大的梦想，往往在身边人的一句句"别傻了""不可能"中慢慢萎缩，甚至破灭。就算是我们真的遇到了一位懂得欣赏自己的伯乐，硬是将我们带到更高的领域，我们往往也会再次跌落到地上，回到往日那个不敢有梦想的群体里。因此，我们要勇于突破自己，用新的眼光去看待这个世界，不要在老的观念里沉湎，不要让自己失去向上发展的勇气和动力。

创新思维

只有变通才能激活全身的能量

生活中只要我们开发大脑，运用想象力，跳出思维的框框，就能发现思维的另一个高度，就会得出异乎寻常的答案。

我们若想做到与时俱进，就要懂得变通。所谓变通，顾名思义，就是以变化自己为途径，走向成功。哲学家说："你改变不了过去，但你可以改变现在；你想要改变环境，就必须改变自己。"文学家讲："明智的人使自己适应世界，而不明智的人坚持要世界适应自己。"我们每天面对层出不穷的矛盾和变化，是刻舟求剑、以不变应万变，还是采取灵活机动的变通方式应对万变，这是我们需要回答的问题。

在漫长的人生旅途中，每一个人不能不面对变化，不能不面对选择。学会变通，不仅是做人之诀窍，也是做事之诀窍。我们如何提高自己的思维变通能力呢？

首先，学会审时度势，打破常规。那如何审时度势呢？一是要有一个良好的心态，这种心态可以概括为两个字：静与空。静就是冷静和宁静，达到一种平心静气、心平气和的状态；空就是无私而无欲，达到内心的空明澄净。宋代大文学家苏东坡关于静与空有两句名诗："静故了群动，空故纳万境。"意思是，一个人只有在内心宁静之后，才能接纳外面的景色。在现实中我们一定努力达到内心"空"与"静"的状态。一个人如果心浮气躁，他就看不清事物的本来面目，就会主观行事，一错再错。如果心平气和，就能认清事物的本来面目，就能万事得理，一顺百顺。二是学会换位思考。卡耐基是一位擅长换位思考的人，他有一句名言："设身处地为别人着想，并满足别人内心强烈渴望的需求。"三是要打破常规。我国有句成语叫作茧自缚，就是说习惯按既定的规则行动，不敢越雷池一步，其结果就是困死自己，而一事无成。

其次，要有勇气应对变化。勇气的作用就是调动起自己全部的能力去迎接变化和挑战。一个人想学会变通，首先必须鼓起勇气，勇气是人的一种非凡力量。它虽然不能具体地帮你解决某一个问题，克服某一种困难，但这种精神和心态却能唤醒你心中的潜能，帮助你应对一切变化和困难。

再次，要有信心开发潜能。所谓信心，就是一种心态潜能。也就是说如果你是一个充满信心的人，你有信心克服困难，有信心获得成功，那么，你身上的一切能力都会为你的信心去努力，你也就有可能成为你希望成为的那样；反之，如果你缺乏信心去努力，总以为自己没有能力去做这一切，那么，你的一切能力也就会随之沉寂，自然你就成为一个没有能力的人。

最后，要善于改变自己的思维定式。人的思维方式，常常出现两大定式：一是直线型，不会拐弯，不会逆向思维和发散思维；二是复制型思维，常以过去的经验为参照，不容易接受新鲜事物。西方有一句谚语："上帝向你关上一道门，就会在别处为你打开一扇窗。"诗人陆游有诗云："山重水复疑无路，柳暗花明又一村。"只要我们不拒绝变化，并且善于调整自己的思维习惯，善于改变自己的观念，我们就能走出困境，进入我们的新天地。

实践证明，不管你是觉察到还是没有觉察到，不管你是愿意还是不愿意，每个人时时刻刻都在寻求变通，所不同的是，善于变通的人越变越好，而不善于变通的人却是越变越差。我们只要掌握了变通之道，就会应对各种变化，在变化中寻找到机会，在变化中取得成功。

打破常规,走在别人前面

另辟蹊径,就是另外开辟一条道路,一条别人没有走过的属于自己的道路。一个人要想获得成功,就要积极思考,打破常规,走在别人前面。

创新是建立在对原有概念的怀疑基础上的。历史不止一次地证明,当某些伟大的独立的思想家们怀疑现状的时候,进步也由此产生了。

这些先行者们从不循规蹈矩,他们试图从不同的角度来改变现状。史蒂夫·乔布斯、乔治·伊士曼、艾萨克·辛格分别打破了计算机、照相机和缝纫机不能供家庭使用的"定论",从而在各自的领域开创了大众消费的历史。福瑞德·史密斯则打破了只能通过邮局才能邮寄东西的"定论",最终创建了联邦快递公司。

每一种文化、行业和机构都有自己看世界的方式。新的观念、好的主意常常来自冲破习惯的思想疆界,把目光投向新的领域。正如美国新闻记者罗伯特·怀尔特所说:"任何人都能

创新思维

在商店里看时装,在博物馆里看历史。但是具有创造性的开拓者在五金店里看历史,在飞机场上看时装。"

世间万事万物都是相互联系的,人们掌握的知识也是多门类多学科的,因此,面对一个思维对象,不能更不必局限于传统习惯,死守一个点。单兵作战毕竟力量太有限了,假如拓展开去,到思维对象之外找个帮手,合力作战,不就威力强大了吗?

世界摩托车销售中,每4辆就有1辆是"本田"产品,从这个数字可以看出,本田的销售网是何等之大。不过,如此庞大的销售网都是从日本的自行车零售商店起步的。

1945年,第二次世界大战刚刚结束,本田宗一郎弄到500个日本军用的小引擎。他将这些小巧的引擎安到了自行车上,结果这种改装的自行车非常畅销,500辆很快就售完了。

本田由此发现了摩托车的潜在市场,成立了"本田技研工业株式会社",决定开创摩托车事业。

一批批可以装在自行车上的"克泊"牌引擎生产出来了,可是,光靠当地的市场是容纳不了的。本田宗一郎面临着如何将产品推销出去的问题。

本田找到了新的合伙人,他叫藤泽武夫,过去是一位对销售业务自有一套的小承包商。

第08章 自我改变，才是人生创新的开始

当本田与藤泽商量如何建立全国性的销售网时，藤泽建议说："全日本现在约有200家摩托车经销店，他们都是我们这样的小制造商拼命巴结的对象，一向心高气傲。如果我们要插入其中，就得损失大部分的利益。"

"但同时，你不要忘记，全国还有55000家自行车零售商店。"藤泽接着说："如果他们为我们经销'克泊'，对他们来说，既扩大了业务的范围，增加了获利渠道，又有刺激自行车销售的好处，加上我们适当地让利，这块肥肉他们会要的！"

本田一听，觉得是条妙计，便请藤泽立即去办。

于是，一封封信函仿佛雪片般地飞向遍布全日本的自行车零售商店。信中除了详尽介绍"克泊"引擎外，还说明了自行车销售商能获得的收益，"克泊"每台零售价25英镑，回扣7磅给他们。

两星期后，13000家自行车商店做出了积极的反应，藤泽就这样巧妙地为"本田技研工业株式会社"建立了独特的销售网。

本田产品从此开始进军全日本。

财富是"想"出来的。人不但要养成思考的好习惯，同时还要扩展思考的范围，开阔思路，扩展思维，这样才会更好地、更大限度地获取有益的信息。

创新思维

在漫长的人生路上，多数人就像在磨道里拉磨一样，永无休止地在这个环形道上走着，走完一圈再走下一圈，无休止地重复、无休止地走动，直到生命的最后一刻。也有一些聪明人，他们不甘于在这种环形路上重复走下去，他们另外开辟了一条路。于是他们走出了圈外，看到了大千世界更多的没被看到的事物，得到了别人没有得到的东西。相比之下，他们的见识超过了常人，他们的财富超过了常人，他们便成了成功者。这就是再找一条路的好处。

"二战"爆发前，鲍洛奇还只是一个默默无闻的小职员。但随着战争的爆发，鲍洛奇却迎来了事业发展的机遇。

战争给普通人的生产和生活带来的影响是巨大的。由于市场衰落，运输行业陷于停顿，生活用品的供应十分紧缺，在一些地方新鲜蔬菜也很难买到。有一天，鲍洛奇听说有些日本侨民在花园里生产古老的东方蔬菜豆芽，作为一个敏感的商人，他对此产生了极大的兴趣。他来到这群神奇的东方人中间，仔细观察他们怎样发豆芽。

鲍洛奇像哥伦布发现了新大陆一样，高兴得手舞足蹈，手上的生意也不做了，连夜赶回杜鲁茨，找到他的伙伴贝沙，兴奋地告诉他自己的"伟大发现"，并宣称这一"发现"将带来数不尽的财富。贝沙对此并不理解，认为鲍洛奇有些异想天开。鲍洛奇耐心地告诉贝沙他对豆芽菜的看法：现在正值战争间，食品供应紧张，新鲜蔬菜的运输尤其困难，豆芽菜的生产不受地点和气候的影响，又很有营养，成本也不高，是最理想的替代品；况且，美国人最喜欢猎奇，具有悠久历史的东方食品豆芽菜本身就极富神秘色彩，再加上广告宣传的影响，肯定会引起人们的兴趣。如果豆芽菜的生产做开了，还可以在口味和原料上加以变化，形成一个系列，甚至还可以推出一个"东方食品家族"来。一般人是想不到这点的，所以在这上面动脑筋，会收到意想不到的好效果。鲍洛奇说服了贝沙，开始做豆芽生意。他从这个"伟大的发现"开始，按照自己的设想一步一步走下去，竟然真的成了"东方食品大王"。

要想成功，必须另辟蹊径，另找一条路子。不能随波逐流，要摆脱跟随的习惯。

要做到这一点，其实并不是十分困难，有志于创造财富的人，完全可以从日常生活开始，有意识地培养和训练自己的创新思维。

你可以练习经常表达自己的想法。如果你有了想法，不管是什么样的想法，你都应当表达出来。如果是独自一人，你就对自己表达一番；如果你身处群体之中，不妨告诉其他人，共同进行探讨。

创新思维

一个人一生中的大多数想法，都被无意识的自我审查所否决。你要把不寻常的离奇想法说出来，把它们从头脑当中释放出来。一旦它们进入交流领域之中，便能够免受无意识领域中自我审查机制的摧残。这样做，你就有机会更仔细、更充分地去审视、探索和品味，去发现它们真正的使用价值。

第08章
自我改变，才是人生创新的开始

创新型人才应该有主动创新的观念

时代处于飞速的发展之中，社会也瞬息万变，要想适应这个高速运转的时代和社会，最好的办法就是让自己成为创新型人才。所谓创新型人才，当然不仅是观念的创新，而是要真刀真枪地创新，切切实实地创新。

首先，创新型人才应该有主动创新的观念。任何时代中，被动的发展都不能抢占先机，唯有主动改变，谋求发展，才能占据主动，主动适应这个日新月异的世界，主动适应身边纷繁复杂的人际关系。总而言之，既然我们无法改变客观存在的世界，就要调整自身去适应这个世界，继而改造这个世界。

其次，还应该敢于求变。这里所说的求变，不仅指的是表面上的变化，而是从思想开始的彻底改变，诸如观念、意识等。前文说了人是有很多习惯的，这些习惯不仅局限于言行举止，也有思维上的因循守旧。思想，是人之根本，也是指导人们做出具体行动的向导和方针。在这种情况下，唯有思想改变，行动才能切实改变。旧有的观念虽然很适合拿来主义者们

创新思维

享用，却不能顺应时代和潮流的形势，导致效率低下。

最后，所谓创新型人才，当然是离不开创新的。创新，是创新型人才的灵魂，也是精髓所在。时代在发展，现代社会竞争越来越激烈，唯有时刻保持创新观念，富有创新意识，才能做到真正创新，切实创新。当做到了这几点，也许我们就离创新型人才的标准越来越近了。继续努力，方可真正成为创新型人才。

在一家广告公司里，每次开会，最激烈的争辩一定爆发在小张和老王之间。原来，小张是公司里的新进职员，应届大学毕业生。而老王呢，则是公司的元老级人物，从老板创业开始，就跟随老板鞍前马后，风里来雨里去地度过了最艰难的时期。按理说小张这样的后生晚辈是没有资格和老王叫板的，但是因为老板提倡在探讨策划方案时知无不言、言无不尽，所以小张总是凭着新观念新创意，与老王碰撞出火花来。

这不，今天下午的碰头会上，小张和老王又掐起来了。老板虽然觉得小张的创意有些冒进，却也没有完全否定。归根结底，老板之所以招聘进来这些大学毕业生，就是为了打破常规思维，为公司注入新鲜的血液。因此，虽然此刻老王觉得有些丢面子而略显恼怒，但是老板却在一边饶有兴致地看着。足足半小时之后，争论才在老板的总结性和稀泥中结束。老板虽然

第08章 自我改变，才是人生创新的开始

看起来在平息是非，心里却很高兴，他说："小张是创新型人才啊，老王是当朝元老，以稳妥见长。最终的方案当然还是需要你们磨合，我的原则只有一个：拿出好方案。至于你们私底下怎么争辩，我都不管，也不想管，好吗？"正是老板这样的态度，使他们广告公司成为业内的后起之秀，常常因为别出心裁的创意得到业内人士的嘉奖。

如果不是老板提倡的"百家争鸣"，也许公司里根本不会出现新进职员和老资历员工争得面红耳赤的局面。正是老板奠定的工作氛围和基调，才让每个人都能畅所欲言。尤其是对于小张这样的"初生牛犊"而言，这简直是再好不过的工作环境。不过小张也并不愚钝，他可是个高情商的人，能够分得清轻重主次。因而，他只是根据创意来发表意见，丝毫没有得罪老王。

当然，小张是很有自信的，这一点对于创新型人才的发展也是至关重要的。试想，倘若创新型人才提出一个独特的创意，但是却因为无人支持而退缩，岂不是前功尽弃吗！正是如此自信地据理力争，才能让他人意识到这个创意的独到和可贵之处。要想成为真正的创新型人才，路漫漫其修远兮，我们每个人都需要孜孜不倦地上下求索。

第 09 章

超前思维,让你在财富领域捷足先登

创新就是换一种思路

随着社会不断发展，市场日趋完善，现成的机会恐怕越来越少。因此，如今赚钱的高手不仅是努力寻找商机，更要去创造商机。世界已处于知识经济的时代，财富的增加，更多是要依靠认识的更新、头脑的创意。

一般来说，我们考虑问题的时候，常会根据自己以往的经验来判断眼前的事物。是的，在大多数情况下经验是可贵的，它会帮助我们，使我们对陌生的事物有个大致的认识。但是，当经验在头脑里成了"一定之规"后，它对于创新思考常常会起一种妨碍和束缚的作用。它会把人困在旧的思维模式的无形框框中，使人难以进行新的探索和尝试，因而也就难以产生新的设想。一个长期习惯于按"一定之规"考虑问题，很少进行创新思考的人，往往会把很多本来大不相同，仅存在某些相似之处的问题，看成是同一类问题，用相同的办法去解决。这样，自然就会白费精力。有一位心理学家说过："只会使用锤子的人，总是把一切问题都看成是钉子。"

创新思维

人类在创造财富的过程中，没有现成的公式可以套用，我们要做的，是拔去头脑中的"钉子"，换一个角度来解决问题。

一个匈牙利人在20世纪40年代发明了圆珠笔，由于它易于书写和便于携带，一经问世便风行全球。这位匈牙利的发明家为此发了财。然而好景不长，这种圆珠笔使用一段时间就会出现漏油的毛病，弄脏纸张及衣袋。因此，圆珠笔上市一两年后就出现了销售危机。

圆珠笔发明者及很多研究圆珠笔的人对于漏油问题进行了反复深入的研究，大家都发现漏油的原因是笔珠书写时受到磨损，墨油就从磨损部位漏出来。很多人为此绞尽脑汁，却毫无发现，因为大家的注意一直停留在笔珠的研究上，拼命想要提高笔珠的耐磨性。当他们把笔珠的耐磨性改善后，笔珠与笔杆接触导致的磨擦问题又冒出来了，而此问题一直没得以解决。

在日本人中田藤三郎的眼中，圆珠笔是个很有发展前途的商品，假如能改进它的漏油问题，将会获得比匈牙利发明者更大的财富。于是他也投入了该难点的研究中。中田分析了圆珠笔的结构及出毛病的原因，也总结了许多人试图改进漏油问题的失败经验，最后，他采取逆向思维，发现了解决圆珠笔漏油的方法。因此，中田一举占领了世界圆珠笔市场，获得了远比匈牙利的发明者更多的财富。

中田的做法其实很简单，他是在笔芯上做文章。通过反复试验，他确定了圆珠笔写到多少字后就漏油。在掌握这个数量的基础上，着手把笔芯的装油量减少，使圆珠笔磨损到开始漏油之前，笔芯中的笔油就用完了。笔芯的油用完了，就要更换新的笔芯，同时更换新的笔珠，圆珠笔可继续使用。就这样，中田没有被常人思考的框框套住，因此巧妙地解决了难题。

创新是人类社会进步的客观要求。而要摆脱和突破一种思维定式的束缚，常常都需要付出极大的努力。无论是在创新思考的开始，还是在中间某个环节上，当我们的创新思考活动遇到了障碍，陷入了某种困境，难以再继续下去的时候，往往都有必要认真检查一下：我们的头脑中是否有了某种思维定式在起束缚作用？我们是否被某种思维定式捆住了手脚？

无论是思考如何解决碰到的新问题，还是对已熟悉的问题寻求新的解决方案，一般都需要先提出多种新的设想，在多途径探索、尝试的基础上，筛选出最佳方案。时代的潮流滚滚向前，不断对社会提出新的需求，这就为成功提供了许多新的条件，善察者则胜。

那些建立了自己的财富王国的成功人士，从来不互相抄袭，从不重蹈他人的覆辙，因为他们都是标新立异、有创造精神的人，是先例的质疑者。很多富人是白手起家，他们之所以能从穷人堆里跳出来，就因为具有开拓性。没有开拓就没有飞跃，就没有本质的提升。

只有看到别人看不到的东西的人，才能做到别人做不到的事。敏锐的思维方式为我们提供了这种本领，摆脱传统思维模式的束缚，深入地洞察每一个对象，就能在有限的空间、有限的资金条件下，成就一番可观的事业。创新是一种美丽的奇迹，它能使一个人实现财富梦想，从而改变自己的一生。

机遇是靠我们的头脑思考得来的

我们做事情要扎实思考、主动投入，你不主动，天上不会掉馅饼，天下也没有免费的午餐，机会的出现还是要靠我们自己。当我们没有机遇的时候，我们要懂得在这个时候创造机遇，有条件要上，没有条件创造条件也要上。

古时候有一个村庄，村子里的人以制作壁毯为生。他们制作的壁毯工艺精美、图案多种多样，经常有外地的客商慕名前来收购。

村子里有个制作壁毯的老师傅米山，他做出来的壁毯是公认的最好的壁毯，但老师傅已经快80岁了，手脚都不灵活了，就停止了工作，只在门口喝喝茶、晒晒太阳，日子过得很悠闲。村子里其他的人都暗暗较劲儿，都想争现今壁毯第一人的名头。阿毛制作壁毯的手艺也不差，但是他太年轻，一直也不被人重视。一天，他特地拿着自己亲手制作的壁毯请米山师傅品评。米山师傅一向愿意提携后辈，就点点头说："不错，

创新思维

不错！"

在第二天的集市上，阿毛在摊位边立起一块大大的牌子，上面写着："米山师傅大力称赞的壁毯，欢迎选购！"这一天他的生意自然十分红火，很多客商都被吸引过去。这下子引起了村里人的不满，他们纷纷找米山师傅投诉，认为他这样帮阿毛是对大伙儿不公平。过了些天，当阿毛拿着自己制作的另一批壁毯请米山师傅看时，米山师傅不便答复，便微笑着没有说话。不料在集市上，阿毛又立起一块牌子，上面写着："米山师傅都无法评价的壁毯，欢迎选购！"这一次，阿毛又大获全胜。

人们把这件事告诉了米山师傅，有人抱怨道："阿毛太能钻空子了，他一直打着您的招牌推销他的壁毯。"米山师傅却笑道："阿毛的壁毯如果质量不过关，这种手法再用下去也没什么效果，我又何必去阻止他。如果他的壁毯真的不错，能通过我来打开销路也很好啊，能想出这样的办法说明他头脑灵活。"

头脑灵活的阿毛，生意做得越来越好，再也不用打米山师傅的招牌了，因为阿毛壁毯本身就成了一块金字招牌。

坐享其成的人永远等不来成功，机会是运作出来的，而成功是创造出来的。试问一个连机会都不会运作的人，何来成功可言？机会往往藏在"不可能"的后面，只要你有头脑、够机警，它就存在。可是，你要是看不见它，它就是虚幻的、不存在的。我们一定要看准时机，看准机遇，然后经过我们的努力运作，自己做自己的伯乐。

有些人总把没有机会作为没有成功的借口，而成功者则是不管在什么样的环境下都能找到让自己成功的机遇。机遇不是别人给的，而是靠我们用头脑去思考得来的。所有失败的人都会把失败归咎于外因，从不在自己的身上找原因，时间一久，就习惯于平平凡凡地度过余生，运作机遇那更是想都不会想的事情。在财富的问题上，从来就没有轮流坐庄这回事，所谓"风水轮流转""一碗水端平"之类，不过是人们的希望而已，从来没有人觉得赚钱赚厌了，该把机会让给别人试试。机会存在与否取决于有没有发现机会的眼光，在一个精明的人眼里，生意永远做不完，机遇随时可以遇到。

创新思维

一个好的创意能叩开财富之门

行走在大街小巷中，我们时常偶遇创意公司，甚至在高档写字楼里，也会有创意公司的身影出现。曾几何时，创意已经成为一种明码标价的商品，出现在商品社会，也成为人们争相追逐的致富法宝。有的时候，一个好的创意往往能够为我们叩开财富之门，让财富之路从此在我们脚下展开。相反，即便一个人万分努力，如果没有好的创意和点子，那么最终也会是徒劳无功。

开放性高、善于交友的人往往很有创意，因为他们不但自身思路开阔，而且也因为性情温和平静，很容易结交多方好友，最终大家一起出谋划策，点子总比别人更多一些。所谓"三个臭皮匠，抵过诸葛亮"，说的就是这个道理。早在战国时期，就有百家争鸣的情况出现，无数有才华的人聚集在一起，争辩国家大事，各抒己见，让思想在一起不断地碰撞、交流和融合，最终取各家之长，推动文化不断向前发展。现代社会观念开放，精神和物质财富不断丰富，最终也催生了创意的产业蓬勃发展。

很多人都用弯曲的吸管喝过饮料，这种吸管非常方便，使我们不管从哪个角度都能喝到管子底部的饮料，创意十足。和传统的直管相比，这个管子给人们的生活也带来了极大的便利。然而，谁也想不到，这个创意最早是由一名日本女性想出的。

有一次，这位日本女性的儿子生病了，病得很严重，不得不整日卧床。由此一来，妈妈不得不辛苦地伺候孩子的吃喝，尤其是一天要几次给孩子喂水喂药。水常常洒在床上，妈妈思来想去，想到：假如可以把两根长短不同的管子以一定的角度连接起来，那该多好啊！然而，她只是有这个想法，并没有能力将其变为现实。为此，她求助日本发明协会，把自己的创意告诉他们，并且希望得到他们的支持加以实施。想不到，日本发明协会对这个创意很感兴趣，并且马上与这位女士见面签订协议。最终，发明协会对这个创意进行提升和完善之后，为其申请了专利。后来，发明协会委托厂家进行尝试性的小批量生产，并且将其投入市场。结果大大出乎他们的预料，消费者对这款吸管的反馈非常好。而且，因为附赠这种新型吸管，饮料的销量居然也大大提升。后来，这种吸管被无数饮料生产厂家以及餐饮店使用，风靡全球。

原本，这位日本女性只是为了给儿子喂水喂药方便，所以萌生了这样一个想法，却没有想到得到日本发明协会的认可，并且最终申请专利，投入生产。对这位女性而言，这样的成功虽然看似偶然，但是实则必然。毫无疑问，她是一个很有创意的人，所以在遇到困难的时候才能积极地想办法解决。如果换作一个没有创意的人，也许抱怨几句之后就会放弃，根本不会多想，更不会提出具体的方案。由此可见，富有创意的人常常能够打开财富之门。

细心的人会发现，很多人的成功都看似偶然，但其实未必如此。例如牛顿发现万有引力，难道仅是因为他幸运，被那个掉下来的苹果砸到了吗？当然不是。换作一千个普通人，即使被苹果砸到，也不会想那么多。牛顿之所以想到万有引力，就是因为他此前一直在关注和研究相关的领域。由此可见，任何成功都是有基础铺垫的，绝非一蹴而就。

第09章
超前思维，让你在财富领域捷足先登

思路决定财富并不是一句空话

思维是一切竞争的核心，因为它不仅会催生出创意，指导实施，更会在根本上决定成功。它意味着改变外界事物的原动力，如果你希望改变自己的状况，获得财富，那么首先要从改变思维开始。

日本冈山市有一栋非常漂亮气派的5层钢筋水泥大楼。这栋大楼就是条井正雄所拥有的冈山大饭店。然而，谁也没想到，这位条井当年盖起这栋大楼时身无分文。

条井以前是一个银行的贷款股长，一直负责办理饭店、旅馆行业贷款的工作。十年的工作，使他不知不觉成了一个旅馆经营知识十分丰富的人，这时他心里自然也产生了经营旅馆的欲望。为了求得更完善的方案，他实地做过细致的调查，调查结果是来冈山市的旅客有97%是为商务而来的。然后，他又在公路边站了3个月，调查汽车来往情况，发现每天汽车流量有900辆，每辆车约坐2.7人，然而当时冈山市的旅馆却没有一家

创新思维

有像样的停车场设施。他想，将来新盖的饭店，必须具有商业风格，而且附设广阔的停车场，以此来吸引旅客。他又花费1年时间，制成几张十分阔气的饭店设计图纸和一份经营计划书。抱着试试看的心情到冈山市最大的建筑公司碰运气。一位主管看了他的设计后，问条井：

"你准备多少资金来盖这栋大楼？"

"我一分钱也没有，我想，先请你们帮我盖这栋大楼，至于建筑费等我开业之后，分期付给你们。"条井泰然自若地回答。

"你简直是在白日做梦，真是太天真啦，请你把这个设计图拿回去吧！"

"这几张图纸和计划书是我花了两年时间搞成的，我认为很完整。请你们详细研究，我以后再来讨教！"条井没有说更多的话，把设计图丢在那里，掉头就走。

半个月后，奇迹发生了，这个建筑公司约他去面谈。该公司的董事和经理济济一堂，从上午8点到下午4点，一个接一个地问话，进行各式各样的提问，那种场面真令人心惊肉跳。然而，令人难以置信的事终于发生了。建筑公司决定花2亿日元替这位身无分文的先生盖饭店。

1年后饭店建成了，条井成了老板。这就是创意所带来的巨大成功。

第09章
超前思维，让你在财富领域捷足先登

当代社会提倡"智慧创业""思考致富"，以前我们总说思想是一笔宝贵的精神财富，其实在这个时代，思想不仅是精神财富，还可以物化为有形的财富，标价出售。一个思想可能催生出一个产业，也可能让一种经营活动产生前所未有的变化。创新的最高境界，是在自己的经济力量还十分弱小的情况下，发现财富，整合资源，完成从无到有的蜕变。

长期以来，世界上各国人都喜爱在胸前别一枚徽章，这种爱好为27岁的里尔人马克·戴尔克鲁阿提供了生财的机会。

一年内，原本对于小玩意儿生意一窍不通的马克在法国卖出了1000万枚各式徽章。他的公司是1991年5月在里尔市组建的，很快成为有11名雇员的欣欣向荣的企业。

他回顾道："1991年2月，我正式失业，四处寻找工作，在一次专业性的展销会上，我遇到了一家大徽章公司的代表。我向他们提出愿意当他们的地区代理。得到的回答是一阵嘲笑。"

马克没有丧气，他决定单枪匹马闯一闯。为了物色造价低廉的徽章制造商，他花费一番努力找到了一份中国台湾的徽章制造商的名单。他赶紧向这些厂家索要样品和价目。

马克说："所有的厂家都做出了回应，我挑了报价最贵的那一家，因为相信它的质量应是最好的。"

创新思维

下一步便是招揽顾客。这也不难，在地区的报纸上登一条小广告就行了。一间仅14平方米的小房子便成了他们的办事处。马克向企业发出的招揽生意的广告如下："本企业可以定做广告性的徽章，保证价格低廉。"

"一年之内，我招来了近千家客户，从街角的小店到柯达一类的大公司都来订购，博览会和地区性俱乐部也喜欢用徽章作为标志。客户在我的办公室门前排起了长队。"他只要把客户的名称、图案、字体寄给或传真给中国台湾的厂家，厂家就代为设计生产了。一枚徽章的成本寥寥，便宜的0.8法郎，贵的也不过3法郎。

后来马克的公司搬进了里尔市中心宽敞舒适的办公楼。马克明白：徽章热已接近尾声，转型势在必行。他的公司今后将从事设计和生产广告性的工艺品。马克说："我的合作者给我寄来了成堆的极有趣的小玩意儿，我向顾客推荐，可以说一拍即合。"

那么马克的公司赚了多少钱呢？他自己说："赚了二三百万法郎。"

一个好的创意思路，本身无法标价，它实施后所创造的价值却是切切实实的。实力不足的人，如果能用好创意，常常会达到事半功倍的效果。

认识到创意思考的巨大能量之后，我们有必要立即行动起来，寻求能为自己带来财富的商机。这并不是障碍重重、难以入手的事儿。假如你对金钱保持热望，自己的一切生活积累都在为将来赚钱做准备，把自己日常接触到的信息都和当前的赚钱事业挂钩，那么成功最终将确凿无疑地属于你。

创新思维

以敏锐的眼光发现转机

机会并不总是以毫不掩饰的面目出现在人们面前,尤其是在危急时刻,机会往往被掩饰成各种各样的面目出现,这就需要我们具备火眼金睛,才能准确辨识机会。除了敏锐的观察力外,我们还应该用心。凡事就怕用心,当我们用心了,我们就更加敏感,也更能够在危急时刻发现潜在的转机,从而及时扭转命运,让人生"柳暗花明又一村"。

毋庸置疑,每个人在一生之中都会遭遇各种各样的困境,强者总是能够在困境中发现转机,看到希望,从而度过危机,谋求更好的发展。弱者呢,他们常常被看似无法逾越的困难吓退,甚至不战而退。究其原因,除了他们胆小怯懦缺乏自信外,也因为他们不能从危机中发现转机,因而变得越来越沮丧绝望,直至完全丧失斗志。

亨利的祖父去世了,留给他一大片森林,这是热爱树木的祖父苦心经营几十年的心血,亨利很感激祖父。然而,亨利刚刚成为这片森林的主人没几天,就因为一场突如其来的山火失去了整片森林。看着原本郁郁葱葱、如今满目焦黑的森林,亨利感到万念俱灰。他一下子陷入困境,因为要想重新种植一片森林,远非现在一无所有的他能力所及。一天又一天,亨利的神色越来越黯淡,他甚至把自己锁在房间里,不愿意面对。这时,年迈的祖母来到亨利身边,对他说:"孩子,其实失去整片森林并没有什么可怕的,我担心的是你日渐失去光泽的眼睛,它已经不再神采奕奕,更看不到任何希望。难道我们能让一场大火就毁掉所有的梦想吗?假如你这么轻易地被打败,那么就注定了你的人生还有很多迈不过去的坎。我想如果祖父在天堂看到你现在的样子,也不会觉得高兴的。"

在祖母的耐心安抚下,亨利再次鼓起勇气,走出了家门。他一个人漫无目的地走着,来到了繁华的街头。突然,他看到很多人都在一家店铺门前排队,原来天气已经到了深秋,人们正在储备冬天烧壁炉的木炭。又因为疯传今年木炭的价格要上涨,所以大家都在抢购和囤货。这时,亨利脑中灵光一闪:那些被大火烧过的树木,不就是最优质的木炭吗?想到这里,他当机立断,马上回家带领工人用烧焦的树木制作优质的木炭,并且将其装箱,还提供送货上门的服务。毫无疑问,亨利的木炭马上被抢购一空。他狠狠地赚了一笔,随后又用部分资金去偏远的山区收购树木,烧制木炭,而把大部分资金用于

> 创新思维

购买树苗。他相信等到来年春天，这片森林又将生机勃勃，绿意盎然！

巨大的危机之中往往也隐含着巨大的转机。假如亨利一蹶不振，始终逃避现实，那么整片森林就彻底毁掉了。幸好他在祖母的鼓励下再次扬起信心，充满希望，这样才能发现遍布焦黑的森林中蕴含着的转机，从而当机立断地抓住机遇，改变自己的命运，也赋予了森林新的生机。

如果一个人善于发现机会，又能巧妙用心地利用机会，那么他的人生一定不会过于平庸。对于眼中充满机会的人而言，这个世界上到处都充满了希望。我们唯有依靠自身的努力，才能从危机之中发现转机，才能帮助自己顺利渡过难关，扭转局势。在现实生活中，也许我们是个穷人，也许我们正身处困境，但是只要我们始终用心，以敏锐的眼光发现转机，就能成功摆脱厄运的困扰，给予自己更加美好的未来。所谓"山穷水复疑无路，柳暗花明又一村"，并不仅存在于古人的诗句中，也同样遍布于我们生活的细枝末节中。只要我们抓住机会，当机立断地展开行动，就一定能够绝处逢生，勇往直前，开拓人生的新局面。

参考文献

[1]《新家庭书架》编委会. 思路决定出路：一定要学会的60种思维方式[M]. 北京：北京出版社，2014.

[2] 何钰地. 你怎么才能想得通：拆掉思维的墙，和不开心的自己聊聊[M]. 北京：中国纺织出版社，2017.

[3] 慰冰湖. 别给想法设限：活出无限人生的思维法[M]. 北京：中国华侨出版社，2014.